北京市施工图审查协会工程设计技术质量丛书

建筑工程施工图设计文件技术审查常见问题解析
——电气专业

北京市施工图审查协会　编著

中国建筑工业出版社

图书在版编目（CIP）数据

建筑工程施工图设计文件技术审查常见问题解析．电气专业／北京市施工图审查协会编著．—北京：中国建筑工业出版社，2022.4

（北京市施工图审查协会工程设计技术质量丛书）

ISBN 978-7-112-27268-6

Ⅰ．①建…　Ⅱ．①北…　Ⅲ．①建筑制图—设计审评—北京—问题解答 ②电气设备—建筑安装工程—建筑制图—设计审评—北京—问题解答　Ⅳ．① TU204-44 ② TU85-44

中国版本图书馆 CIP 数据核字（2022）第 056602 号

本书主要讲述了在建筑工程施工图设计文件技术审查中，电气专业常见的问题，以及问题的解决办法。

本书是由北京市施工图审查协会编著，作者具有深厚的专业理论，扎实的施工图设计文件审查功底，丰富的审查经验。因此，本书具有较强的权威性、可靠的技术性。

全书共有四章，分别是：第一章 概况、第二章 设计说明中常见的问题、第三章 电气系统图中常见的问题、第四章 电气平面图中常见的问题。图书内容形式简洁、可读性强，适合广大电气专业的设计人员、审图人员阅读。

责任编辑：张伯熙
责任校对：芦欣甜

北京市施工图审查协会工程设计技术质量丛书
建筑工程施工图设计文件技术审查常见问题解析
——电气专业
北京市施工图审查协会　编著

*

中国建筑工业出版社出版、发行（北京海淀三里河路 9 号）
各地新华书店、建筑书店经销
北京建筑工业印刷厂制版
北京君升印刷有限公司印刷

*

开本：880 毫米×1230 毫米　1/16　印张：9½　字数：297 千字
2022 年 4 月第一版　2022 年 4 月第一次印刷
定价：**35.00** 元
ISBN 978-7-112-27268-6
（38023）

本书编审委员会

编 著 人：陈英选　谢京红　于彦华　梁华梅
陈启萌　张乃英　赵春风
审 查 人：李俊民　张　青　刘宗东　黄祖凯
梅雪皎　赵　玲

丛书前言

《北京市施工图审查协会工程设计技术质量丛书》终于和广大读者见面了，真诚希望它能够给您带来一些帮助。如果您从事设计工作，希望能够为您增添更强的质量安全意识、更强的防范化解风险意识，为您的设计成果在质量安全保障方面提供一些参考，从而更好地规避执业风险；如果您从事审图工作，希望能够为您增加更强的责任感、更强的使命感，为您在审图工作中更好地掌握尺度和标准方面提供一些参考，从而更好地把控质量安全底线。

经过广泛而深入的国际调研、国内调研及试点，我国于2000年开始实施了施工图审查制度，20年的实践表明，通过施工图审查实现了保障公众安全、维护公共利益的初衷，杜绝了因勘察设计原因而引起的工程安全事故，推动了建设事业的健康可持续发展。另外，施工图审查，帮助政府主管部门实现了对勘察设计企业及其从业人员的有效监管与正确引导，为工程建设项目施工监管、验收以及建档、存档提供了依据，为政府决策提供了大量的、可靠的数据与信息支撑，为政府部门上下游审批环节的无缝衔接搭建了平台。

施工图技术性审查是依据国家和地方工程建设标准，对工程施工图设计文件涉及的地基基础和主体结构、消防、人防防护、生态环境、使用等安全内容以及公共利益内容进行审查。多年来，施工图审查技术人员在工作实践中发现了大量存在于施工图设计文件中的各类问题，这些问题有普遍性的，也有个别存在的；有无意识违反的，也有受某些驱使不得不违反的；有不知情违反的，也有对标准理解不到位违反的。问题产生有设计周期紧的原因，也有个人、团队、管理以及大环境影响的原因。其中一些严重的问题如果未加控制，由其引发的工程质量安全事故可能在建设时发生，也可能在使用时发生，还可能一直隐藏，遇到灾害就会发生。北京市施工图审查协会的会员单位中设安泰(北京)工程咨询有限公司的审查专家针对以往审查过程中发现的常见问题进行了认真细致地梳理、归类、分析，并接受了兄弟会员单位的相关建议，编写完成了本套丛书，丛书初稿经过了有关专家及协会技术委员会审核。本套丛书参与人员为之付出了巨大辛苦和努力，希望广大读者能够满意并从中受益，同时也期待得到您的反馈。

北京市施工图审查协会一直致力于工程设计整体水平不断提升和审查质量保障不断强化的相关工作，组织编制技术审查要点、开展课题研究、组织或参与各类培训、组织技术专题研讨会、为政府部门和相关行业组织提供技术支持、推动数字化审图及审图优化改革、组织撰写技术书籍和文章等，希望我们的不懈努力能够得到您的认可与肯定，同时也真诚希望得到您的帮助与支持。

北京市施工图审查协会会长　刘宗宝

2020年6月

前言

本书是《北京市施工图审查协会工程设计技术质量丛书》中的《建筑工程施工图设计文件技术审查常见问题解析——电气专业》分册，本书记录了各位参编人员近年来在本专业的房屋建筑工程施工图文件技术审查过程中发现的常见问题，以及对这些问题产生原因和解决方案的一些思考。

书中大部分内容原为中设安泰（北京）工程咨询有限公司电气专业同事内部的技术交流内容。自2016年，北京市规划和自然资源委员会与北京市施工图审查协会将其作为施工图审查人员业务建设的培训教材内容，对部分施工图审查人员和部分设计院电气专业设计人员进行了培训。在与北京市工程勘察设计行业协会共同举办的公益讲座中未能给同行提供相关的讲义，为了弥补这一遗憾，我们将此前做的工作做了补充充实，并整理形成本书。希望为设计院设计人员、审核审定人员，以及施工图审查人员提供一本有益的参考书。

书中的设计实例均取自实际工程的施工图设计文件内容，提出的问题是基于工程建设强制性标准和技术审查要点，但不限于工程建设强制性标准和技术审查要点而提出。提出的问题也不完全是施工图审查范围内的设计问题，也不是施工图审查要审查的全部问题，而是施工图设计中出现较多的问题或者是施工图设计时需要注意的问题。全部选用在实际工程设计文件中发现的问题，其目的不是挑设计毛病，我们对设计人员在工程建设中的辛勤劳动和付出充满敬意，我们是希望施工图设计文件能做得更好、更完美。为此除了提出问题，也尽我们所能分析问题，提出我们认为正确的解决方案。

希望本书的出版能对各位专业技术人员的技术工作有所帮助或启发。由于施工图审查具体业务受当地地方政府的领导，因此本书中很多问题是针对北京市政府要求和北京市地方标准要求提出的，希望对其他地方的技术人员有参考和借鉴价值。由于受我们自身认知的局限性和专业能力的限制，书中难免出现差错，请读者和行业内专家批评指正。

本书内容与一般教科书不同，不是按系统学科脉络编写，更着重于问题发生的点，也许不连贯，但这也是本书一个特点。在编写过程中得到很多业内专家和设计人员的帮助，在此表示衷心的感谢。

北京市施工图审查协会技术委员会委员、中设安泰（北京）
工程咨询有限公司副总工程师　　陈英选
2022年1月

目　录

第一章　概况

第一节　概述

我国于2000年开始实施施工图审查制度，20年来随着建筑行业迅猛发展，建筑电气设计和建筑电气技术的发展突飞猛进，国家规范标准体系也在发生深刻变革，为在促进建筑市场发展的同时做好质量安全保障工作、防范化解风险发生，施工图审查机构一直在不断地深化和丰富工作内涵，为使设计人员提高质量、化解风险，审图人员更好地掌握尺度和标准等方面提供一些参考，在总结近年来施工图审查过程中常见的部分设计问题的基础上编写了本书。

本书主要是由北京市施工图审查机构的技术审查人员编写完成，内容为近年建筑工程施工图文件技术审查过程中发现的部分常见的设计问题，分析了部分问题发生的原因，提供部分问题的解决方案。书中的问题不完全是施工图审查范围内的设计问题，也不是施工图审查要审查的全部问题，是施工图设计中出现较多的问题或者是施工图设计时需要注意的问题，通过对施工图审查常见设计问题的解析，提醒技术人员在平时的技术工作中避免问题重复出现。希望为设计院建筑电气设计人员、审核审定人员，以及施工图审查人员提供有益的参考。

本书第一章主要介绍国家现行相关的政策法规和北京市地方相关政策法规，第二章至第四章主要内容是按电气专业施工图设计文件通常的编制顺序，由设计说明、系统图、平面图三大部分组成，并在每个部分详细展开叙述。

通过本书对建筑工程施工图设计文件技术审查中常见问题的解析，启发设计人员和审查人员，严格执行国家现行政策法规和地方政策法规，严格执行国家现行规范标准以及地方和行业标准，把控好质量安全底线。

问题描述

问题1　住房和城乡建设部施工图审查有关文件有哪些

住房和城乡建设部在2013年发布的关于施工图设计文件审查的文件及住房和城乡建设部在2018年发布的关于施工图设计文件审查的文件，是设计人员应重点关注的文件。

相关标准

《房屋建筑和市政基础设施工程施工图设计文件审查管理办法》（自2013年8月1日起施行）

第十一条　审查机构应当对施工图审查下列内容：

（一）是否符合工程建设强制性标准；

（二）地基基础和主体结构的安全性；

（三）是否符合民用建筑节能强制性标准，对执行绿色建筑标准的项目，还应当审查是否符合绿色建筑标准；

（四）勘察设计企业和注册执业人员以及相关人员是否按规定在施工图上加盖相应的图章和签字；

（五）法律、法规、规章规定必须审查的内容。

《住房和城乡建设部关于修改〈房屋建筑和市政基础设施工程施工图设计文件审查管理办法〉的决定》

为贯彻落实国务院深化“放管服”改革、优化营商环境的要求，住房和城乡建设部决定对《房屋建筑和市政基础设施工程施工图设计文件审查管理办法》（住房和城乡建设部令第13号）作如下修改：

二、将第十一条修改为“审查机构应当对施工图审查下列内容：

（一）是否符合工程建设强制性标准；

（二）地基基础和主体结构的安全性；

（三）消防安全性；

（四）人防工程（不含人防指挥工程）防护安全性；

（五）是否符合民用建筑节能强制性标准，对执行绿色建筑标准的项目，还应当审查是否符合绿色建筑标准；

（六）勘察设计企业和注册执业人员以及相关人员是否按规定在施工图上加盖相应的图章和签字；

（七）法律、法规、规章规定必须审查的其他内容”。

本决定自发布之日起施行。《房屋建筑和市政基础设施工程施工图设计文件审查管理办法》根据本决定作相应修改，重新发布。（2018年12月29日发布）

问题描述	**问题 2　住房和城乡建设部关于消防设计审查有关文件的内容有什么** 住房和城乡建设部在2020年发布的关于消防设计审查的文件中哪些内容是设计人员应该重点关注的。
相关标准	**《建设工程消防设计审查验收管理暂行规定》** 第十四条　具有下列情形之一的建设工程是特殊建设工程： （一）总建筑面积大于二万平方米的体育场馆、会堂，公共展览馆、博物馆的展示厅； （二）总建筑面积大于一万五千平方米的民用机场航站楼、客运车站候车室、客运码头候船厅； （三）总建筑面积大于一万平方米的宾馆、饭店、商场、市场； （四）总建筑面积大于二千五百平方米的影剧院，公共图书馆的阅览室，营业性室内健身、休闲场馆，医院的门诊楼，大学的教学楼、图书馆、食堂，劳动密集型企业的生产加工车间，寺庙、教堂； （五）总建筑面积大于一千平方米的托儿所、幼儿园的儿童用房，儿童游乐厅等室内儿童活动场所，养老院、福利院，医院、疗养院的病房楼，中小学校的教学楼、图书馆、食堂，学校的集体宿舍，劳动密集型企业的员工集体宿舍； （六）总建筑面积大于五百平方米的歌舞厅、录像厅、放映厅、卡拉OK厅、夜总会、游艺厅、桑拿浴室、网吧、酒吧，具有娱乐功能的餐馆、茶馆、咖啡厅； （七）国家工程建设消防技术标准规定的一类高层住宅建筑； （八）城市轨道交通、隧道工程，大型发电、变配电工程； （九）生产、储存、装卸易燃易爆危险物品的工厂、仓库和专用车站、码头，易燃易爆气体和液体的充装站、供应站、调压站； （十）国家机关办公楼、电力调度楼、电信楼、邮政楼、防灾指挥调度楼、广播电视楼、档案楼； （十一）设有本条第一项至第六项所列情形的建设工程； （十二）本条第十项、第十一项规定以外的单体建筑面积大于四万平方米或者建筑高度超过五十米的公共建筑。 第十五条　对特殊建设工程实行消防设计审查制度。 特殊建设工程的建设单位应当向消防设计审查验收主管部门申请消防设计审查，消防设计审查验收主管部门依法对审查的结果负责。 特殊建设工程未经消防设计审查或者审查不合格的，建设单位、施工单位不得施工。

问题描述

问题 3　国务院关于防雷施工图审查有关文件的内容有什么

国务院在 2016 年发布的关于建设工程防雷许可的文件是设计人员应重点关注的文件。

相关标准

《国务院关于优化建设工程防雷许可的决定》

一、整合部分建设工程防雷许可

（一）将气象部门承担的房屋建筑工程和市政基础设施工程防雷装置设计审核、竣工验收许可，整合纳入建筑工程施工图审查、竣工验收备案，统一由住房城乡建设部门监管，切实优化流程、缩短时限、提高效率。

（二）油库、气库、弹药库、化学品仓库、烟花爆竹、石化等易燃易爆建设工程和场所，雷电易发区内的矿区、旅游景点或者投入使用的建（构）筑物、设施等需要单独安装雷电防护装置的场所，以及雷电风险高且没有防雷标准规范、需要进行特殊论证的大型项目，仍由气象部门负责防雷装置设计审核和竣工验收许可。

（三）公路、水路、铁路、民航、水利、电力、核电、通信等专业建设工程防雷管理，由各专业部门负责。

二、清理规范防雷单位资质许可

取消气象部门对防雷工程设计、施工单位资质许可；新建、改建、扩建建设工程防雷的设计、施工，可由取得相应建设、公路、水路、铁路、民航、水利、电力、核电、通信等专业工程设计、施工资质的单位承担。

三、进一步强化建设工程防雷安全监管

（二）各相关部门要按照谁审批、谁负责、谁监管的原则，切实履行建设工程防雷监管职责，采取有效措施，明确和落实建设工程设计、施工、监理、检测单位以及业主单位等在防雷工程质量安全方面的主体责任。同时，地方各级政府要继续依法履行防雷监管职责，落实雷电灾害防御责任。

《关于做好北京市建设工程防雷施工图审查及竣工验收管理工作的通知》

二、施工图审查时，建设单位向施工图审查机构提交的施工图设计文件中，应包含防雷设计说明、防雷类别的选取及采取的防雷措施，并满足住房城乡建设部《建筑工程设计文件编制深度规定（2016 版）》的相关要求，工程竣工图中应当包含防雷装置的内容。

问题描述	**问题 4　国务院将消防、人防等设计并入施工图审查的要求是什么** 国务院在哪年确定将消防、人防等设计并入施工图设计文件审查，目的是什么？
相关标准	2018 年 5 月 2 日国务院常务会议确定： 在北京、天津、上海、重庆、沈阳、大连、南京、厦门、武汉、广州、深圳、成都、贵阳、渭南、延安和浙江省等 16 个地区开展试点，改革精简房屋建筑、城市基础设施等工程建设项目审批全过程和所有类型审批事项，推动流程优化和标准化。 精简审批。将消防、人防等设计并入施工图设计文件审查。 压缩流程。推行联合勘验、测绘、审图等，规划、国土、市政公用等单位限时联合验收。 2018 年在试点地区实现工程建设项目审批时间压缩一半以上，由目前平均 200 多个工作日减至 120 个工作日，2019 年上半年在全国实现这一目标。

<table>
<tr><td>问题描述</td><td>

问题1　消防法中人员密集场所的定义是什么

《中华人民共和国消防法》对公众聚集场所和人员密集场所的定义是设计人员应该注意的内容。

</td></tr>
<tr><td>相关标准</td><td>

《中华人民共和国消防法》

第七十三条　本法下列用语的含义：

（一）消防设施，是指火灾自动报警系统、自动灭火系统、消火栓系统、防烟排烟系统以及应急广播和应急照明、安全疏散设施等。

（二）消防产品，是指专门用于火灾预防、灭火救援和火灾防护、避难、逃生的产品。

（三）公众聚集场所，是指宾馆、饭店、商场、集贸市场、客运车站候车室、客运码头候船厅、民用机场航站楼、体育场馆、会堂以及公共娱乐场所等。

（四）人员密集场所，是指公众聚集场所，医院的门诊楼、病房楼，学校的教学楼、图书馆、食堂和集体宿舍，养老院，福利院，托儿所，幼儿园，公共图书馆的阅览室，公共展览馆、博物馆的展示厅，劳动密集型企业的生产加工车间和员工集体宿舍，旅游、宗教活动场所等。

第七十四条　本法自2009年5月1日起施行（2019年4月23日修改）。

</td></tr>
</table>

问题描述	**问题 2　原公安消防审核对人员密集场所和特殊建筑工程有哪些要求** 公安消防审核对人员密集场所范围和特殊建筑工程范围给了明确的要求，对此，设计人员应引起足够重视。
相关标准	公安部令第 119 号《公安部关于修改〈建设工程消防监督管理规定〉的决定》 第十三条　对具有下列情形之一的人员密集场所，建设单位应当向公安机关消防机构申请消防设计审核，并在建设工程竣工后向出具消防设计审核意见的公安机关消防机构申请消防验收： （一）建筑总面积大于二万平方米的体育场馆、会堂，公共展览馆、博物馆的展示厅； （二）建筑总面积大于一万五千平方米的民用机场航站楼、客运车站候车室、客运码头候船厅； （三）建筑总面积大于一万平方米的宾馆、饭店、商场、市场； （四）建筑总面积大于二千五百平方米的影剧院，公共图书馆的阅览室，营业性室内健身、休闲场馆，医院的门诊楼，大学的教学楼、图书馆、食堂，劳动密集型企业的生产加工车间，寺庙、教堂； （五）建筑总面积大于一千平方米的托儿所、幼儿园的儿童用房，儿童游乐厅等室内儿童活动场所，养老院、福利院，医院、疗养院的病房楼，中小学校的教学楼、图书馆、食堂，学校的集体宿舍，劳动密集型企业的员工集体宿舍； （六）建筑总面积大于五百平方米的歌舞厅、录像厅、放映厅、卡拉 OK 厅、夜总会、游艺厅、桑拿浴室、网吧、酒吧，具有娱乐功能的餐馆、茶馆、咖啡厅。 第十四条　对具有下列情形之一的特殊建设工程，建设单位应当向公安机关消防机构申请消防设计审核，并在建设工程竣工后向出具消防设计审核意见的公安机关消防机构申请消防验收： （一）设有本规定第十三条所列的人员密集场所的建设工程； （二）国家机关办公楼、电力调度楼、电信楼、邮政楼、防灾指挥调度楼、广播电视楼、档案楼； （三）本条第一项、第二项规定以外的单体建筑面积大于四万平方米或者建筑高度超过五十米的公共建筑； （四）国家标准规定的一类高层住宅建筑； （五）城市轨道交通、隧道工程，大型发电、变配电工程； （六）生产、储存、装卸易燃易爆危险物品的工厂、仓库和专用车站、码头，易燃易爆气体和液体的充装站、供应站、调压站。

问题描述	**问题 3　防雷标准定义的人员密集公共建筑物是什么** 防雷标准中确定的人员密集公共建筑物的范围。
相关标准	略
问题解析	人员密集的公共建筑物，是指如集会、展览、博览、体育、商业、影剧院、医院、学校等建筑物。学校应包含托儿所、幼儿园。

<table>
<tr><td colspan="2">第二章　设计说明中常见的问题</td><td>第一节　工程概况</td></tr>
<tr><td>问题描述</td><td colspan="2">问题 1　工程概况的问题
1. 未明确建筑物定性或定性错误。
2. 建筑概况说明过于简单，未说明建筑物面积、高度、层数及各层使用功能等。
3. 没有说明人防工程面积、分区、功能等。
4. 未说明是否为装配式建筑。
5. 未说明是否含爆炸危险场所及其等级。</td></tr>
<tr><td>相关标准</td><td colspan="2">《建筑工程设计文件编制深度规定（2016 年版）》
3.6.2　设计说明书。
1　设计依据。
1）工程概况：应说明建筑的建设地点、自然环境、建筑类别、性质、面积、层数、高度、结构类型等。</td></tr>
<tr><td>问题解析</td><td colspan="2">1. 应明确建筑物建筑类别和使用性质。
2. 应明确建筑面积、高度、层数、各层主要用途，应明确是否为超限高层。（本条与下一条是确定本工程用电负荷等级的主要依据，同时与应急照明持续工作时间有直接关联）
3. 若有地下部分，宜再将地上、地下的面积、高度、层数、用途等分别列出。
4. 若有人防部分、爆炸危险场所等，应在工程概况中简单描述其概况（面积、分区、使用功能、位置、等级等），并在后续做详细说明。
5. 若为装配式建筑，应在工程概况中明确，并在后续做详细说明。
6. 应注意，不应写入与本工程无关的内容。</td></tr>
</table>

问题描述	**问题 1　有关设计依据的问题** 1. 本工程所依据的主要法规、标准不够全面、准确，或者图纸说明中所列出的法规、标准与本工程无关，或者列出的不是工程所在地的法规、标准，或者列出的不是工程所属行业的行业法规、标准。 2. 设计依据中所列出的主要法规、标准的名称或编号有误，不是现行版本。 3. 未明确有关部门认定的工程设计资料，如未明确人防部门规划要求文件的名称、编号等。
相关标准	**《建筑工程设计文件编制深度规定（2016 年版）》** 第 3.6.2 条　设计说明书。 1　设计依据。 2）建设单位提供的有关部门（如：供电部门、消防部门、通信部门、公安部门等）认定的工程设计资料，建设单位设计任务书及设计要求； 3）相关专业提供给本专业的工程设计资料； 4）设计所执行的主要法规和所采用的主要标准（包括标准的名称、编号、年号和版本号）。
问题解析	1. 设计采用的工程建设法规、标准和引用的其他标准必须是现行有效版本（含标准图）。 2. 采用和引用的法规、标准（含标准图）应适用于本工程，应适用于工程所在地域。 3. 设计人员应自核采用和引用的主要法规、标准（含标准图）是否有缺漏。 4. 应明确建设单位提供的有关部门（如：供电部门、消防部门、通信部门、公安部门、人防部门等）认定的工程设计资料的名称、编号。 5. 应注意，不应写入与本工程无关的内容。

<table>
<tr><td colspan="2">第二章　设计说明中常见的问题</td><td>第三节　设计范围</td></tr>
<tr><td>问题描述</td><td colspan="2">问题 1　设计说明中设计范围的问题
1. 未明确本设计单位、本专业及本套图纸的设计范围和设计内容。
2. 本套图纸设计内容与其他专业或其他单位的分工不明确。</td></tr>
<tr><td>相关标准</td><td colspan="2">《建筑工程设计文件编制深度规定（2016 年版）》
3.6.2　设计说明书。
2　设计范围。
1）根据设计任务书和有关设计资料说明本专业的设计内容，以及与二次装修电气设计、照明专项设计、智能化专项设计等相关专项设计，以及其他工艺设计的分工与分工界面；
2）拟设置的建筑电气系统。</td></tr>
<tr><td>问题解析</td><td colspan="2">1. 设计说明应明确本单位本专业的设计范围和内容。
2. 设计说明应明确本单位本专业设计内容与其他单位、其他专业的分工（合同范围包括哪些内容和不包括哪些内容应明确）。
3. 设计说明应明确哪些内容是二次装修电气设计的内容，哪些内容是照明专项设计、智能化专项设计等相关专项设计的内容。
4. 设计说明中，上述设计范围和分工的内容应与系统图、平面图内容一致（平面图中本次设计承担范围与非承担范围应有明显区别）。</td></tr>
</table>

问题描述	**问题1　设计说明中有关负荷等级的问题** 1. 施工图审查中经常遇到在电气设计时，对建筑工程中用电设备负荷等级不做说明。 2. 用电设备负荷等级划分不完整、不准确。
相关标准	《供配电系统设计规范》 《建筑设计防火规范》 《民用建筑电气设计标准》
问题解析	1. 用电设备的负荷等级是电气设计的基本点，确定用电设备的负荷等级是电气专业施工图设计的基础。 2.《供配电系统设计规范》第3.0.1条，电力负荷等级划分，为强制性条文。 3.《民用建筑电气设计标准》第3.2.1条，用电负荷确定，为强制性条文。 4.《建筑设计防火规范》第10.1.1条、第10.1.2条，建筑物消防用电一、二级负荷划分，为强制性条文。 5.《金融建筑电气设计规范》第4.2.1条，金融设施用电负荷等级的规定，为强制性条文。 6.《汽车库、修车库、停车场设计防火规范》《档案馆建筑设计规范》《剧场建筑设计规范》《体育建筑设计规范》等规范中用电负荷划分的条文均被列入施工图审查要点。 7. 设计时，应按上述相应规范、标准对建筑工程中各用电负荷全面、准确划分等级。 8. 各建筑物的用电负荷等级划分均为施工图审查的内容。

问题描述

问题 2　对一级负荷定性不准确

设计说明对一级负荷用电设备定性不准确，要求不明确。

相关标准

《供配电系统设计规范》

3.0.1　电力负荷应根据对供电可靠性的要求及中断供电在对人身安全、经济损失上所造成的影响程度进行分级，并应符合下列规定：

1　符合下列情况之一时，应视为一级负荷。

1）中断供电将造成人身伤害时。

2）中断供电将在经济上造成重大损失时。

3）中断供电将影响重要用电单位的正常工作。

3.0.2　一级负荷应由双重电源供电，当一电源发生故障时，另一电源不应同时受到损坏。

《民用建筑电气设计标准》

3.2.1　用电负荷应根据对供电可靠性的要求及中断供电所造成的损失或影响程度确定，并符合下列要求：

1　符合下列情况之一时，应定为一级负荷。

1）中断供电将造成人身伤害；

2）中断供电将造成重大损失或重大影响；

3）中断供电将影响重要用电单位的正常工作，或造成人员密集的公共场所秩序严重混乱。

特别重要场所不允许中断供电的负荷应定为一级负荷中的特别重要负荷。

3.2.8　一级负荷应由双重电源供电，当一个电源发生故障时，另一个电源不应同时受到损坏。

相关标准	**《建筑设计防火规范》** 10.1.1　下列建筑物的消防用电应按一级负荷供电： 1　建筑高度大于 50m 的乙、丙类厂房和丙类仓库； 2　一类高层民用建筑。
问题解析	1. 施工图设计中应根据《供配电系统设计规范》《民用建筑电气设计标准》《建筑设计防火规范》以及其他规范、标准中对一级负荷有明确要求的内容，确定按一级负荷供电的用电设备，并按《供配电系统设计规范》第 3.0.2 条、《民用建筑电气设计标准》第 3.2.8 条提出对一级负荷供电电源的要求。 2. 应注意建筑高度大于 24m 的医疗建筑和独立建造的老年人照料设施为一类高层建筑，其消防用电设备应为一级负荷。 3. 一类高层民用建筑为： 建筑高度大于 54m 的住宅建筑（包括设置商业服务网点的住宅建筑）； 建筑高度大于 50m 的公共建筑； 建筑高度 24m 以上部分任一楼层建筑面积大于 1000m^2 的商店、展览、电信、邮政、财贸金融建筑和其他多种功能组合的建筑； 医疗建筑、重要公共建筑、独立建造的老年人照料设施； 省级及以上的广播电视和防灾指挥调度建筑、网局级和省级电力调度建筑； 藏书超过 100 万册的图书馆、书库。

问题描述	**问题 3　对于一级负荷中的特别重要负荷定性不准确** 1. 设计时，对一级负荷中的特别重要负荷用电设备定性不准确，要求不准确。 2. 设计时，不适当地提高用电负荷等级标准至一级负荷中的特别重要负荷。
相关标准	**《供配电系统设计规范》** 3.0.1　电力负荷应根据对供电可靠性的要求及中断供电在对人身安全、经济损失上所造成的影响程度进行分级，并应符合下列规定： 2　在一级负荷中，当中断供电将造成人员伤亡或重大设备损坏或发生中毒、爆炸和火灾等情况的负荷，以及特别重要场所的不允许中断供电的负荷，应视为一级负荷中特别重要的负荷。 **《民用建筑电气设计标准》** 3.2.1　用电负荷应根据对供电可靠性的要求及中断供电所造的损失或影响程度确定，并符合下列要求： 1　符合下列情况之一时，应定为一级负荷。 1）中断供电将造成人身伤害； 2）中断供电将造成重大损失或重大影响； 3）中断供电将影响重要用电单位的正常工作，或造成人员密集的公共场所秩序严重混乱。 特别重要场所不允许中断供电的负荷应定为一级负荷中的特别重要负荷。 3.2.3　150m 及以上的超高层公共建筑的消防负荷应为一级负荷中的特别重要负荷。
问题解析	1. 对专用建筑、超限建筑中的特定的设备负荷定义为一级负荷中特别重要负荷，如《商店建筑设计规范》第 7.3.1 条，大型商店建筑的经营管理用计算机系统用电应为一级负荷中特别重要负荷。 2. 在一般性民用建筑中，不一定要存在一级负荷中特别重要负荷。 3. 在一般情况下，消防负荷不是一级负荷中的特别重要负荷，消防负荷不一定是该工程的最高等级负荷。

问题描述

问题 4　对于一级负荷中的特别重要负荷的应急电源选用不正确

1. 设计时，对一级负荷中的特别重要负荷的应急电源定性不准确，要求不准确。

2. 设计时，对一级负荷中的特别重要负荷的应急电源的切换时间要求不清楚，应急电源的切换时间不能满足设备允许中断供电的要求。

相关标准

《供配电系统设计规范》

3.0.3　一级负荷中特别重要的负荷供电，应符合下列要求：

1　除应由双重电源供电外，尚应增设应急电源，并严禁将其他负荷接入应急供电系统。

2　设备的供电电源的切换时间，应满足设备允许中断供电的要求。

3.0.5　应急电源应根据允许中断供电的时间选择，并应符合下列规定：

1　允许中断供电时间为 15s 以上的供电，可选用快速自启动的发电机组。

2　自投装置的动作时间能满足允许中断供电时间的，可选用带有自动投入装置的独立于正常电源之外的专用馈电线路。

3　允许中断供电时间为毫秒级的供电，可选用蓄电池静止型不间断供电装置或柴油机不间断供电装置。

《民用建筑电气设计标准》

3.2.9　对于一级负荷中的特别重要负荷供电，其供电应符合下列要求：

1　除双重电源供电外，尚应增设应急电源供电；

2　应急电源供电回路应自成系统，且不得将其他负荷接入应急供电回路；

3　应急电源的切换时间，应满足设备允许中断供电的要求；

4　应急电源的供电时间，应满足用电设备最长持续运行时间的要求。

问题解析

1. 一级负荷中的特别重要负荷的应急电源应单独设置自成系统，严禁将其他负荷接入应急供电系统。

2. 选用的应急电源投入时间应满足特别重要的负荷允许中断供电的时间要求。如《商店建筑设计规范》第 7.3.1 条中大型商店建筑的经营管理用计算机系统用电应为一级负荷中特别重要负荷，那么其应急电源若采用快速自动启动的发电机组就不能满足要求。通常情况下，经营管理用计算机系统采用双路电源末端互投，外加自己专用的 UPS 电源装置，既满足设备允许中断供电的要求，又满足了其他负荷不应接入应急供电系统的要求。

3. 通常情况下，柴油发电机不能满足绝大多数一级负荷中特别重要负荷应急电源的要求。绝大多数一级负荷中特别重要负荷允许中断供电的时间都远低于 15s。

4. 一般情况下，消防负荷不是一级负荷中特别重要负荷，采用的柴油发电机是作为消防负荷的备用电源，而不是应急电源。

问题描述

问题 5　对消防用电二级及以下负荷定性不准确

设计对一级负荷以外的消防用电设备定性不准确，要求不明确。

相关标准

《建筑设计防火规范》

10.1.2　下列建筑物、储罐（区）和堆场的消防用电应按二级负荷供电：

1　室外消防用水量大于 30L/s 的厂房（仓库）；

2　室外消防用水量大于 35L/s 的可燃材料堆场、可燃气体储罐（区）和甲、乙类液体储罐（区）；

3　粮食仓库及粮食筒仓；

4　二类高层民用建筑；

5　座位数超过 1500 个的电影院、剧场，座位数超过 3000 个的体育馆，任一层建筑面积大于 3000m^2 的商店和展览建筑，省（市）级及以上的广播电视、电信和财贸金融建筑，室外消防用水量大于 25L/s 的其他公共建筑。

10.1.3　除本规范第 10.1.1 条和第 10.1.2 条外的建筑物、储罐（区）和堆场等的消防用电，可按三级负荷供电。

问题解析

1. 消防用电负荷应按《建筑设计防火规范》第 10. 1. 1 条和第 10. 1. 2 条中具体建筑情况确定负荷等级，上述所列具体建筑之外的其他公共建筑当满足《建筑设计防火规范》第 10. 1. 2 条第 5 款中室外消防用水量大于 25L/s 时，其消防用电应按二级负荷供电。

2. 除《建筑设计防火规范》第 10.1.1 条和第 10.1.2 条之外的建筑物的消防用电，可按三级负荷供电。

问题描述

问题 1　对消防设备线缆敷设要求不准确

1. 施工图审查时，经常遇到设计说明对消防配电线路未给出具体的敷设要求，在平面图中，消防与非消防线路也未分别标注，在部分设计中，消防与非消防线路采用同一路径。

2. 施工图审查时，经常遇到设计说明提出的火灾自动报警系统的线路敷设要求不够详细具体，在设计图中，消防线槽的说明不够详细、具体。

相关标准

《建筑设计防火规范》

10.1.10　消防配电线路应满足火灾时连续供电的需要，其敷设应符合下列规定：

1　明敷时（包括敷设在吊顶内），应穿金属导管或采用封闭式金属槽盒保护，金属导管或封闭式金属槽盒应采取防火保护措施；当采用阻燃或耐火电缆并敷设在电缆井、沟内时，可不穿金属导管或采用封闭式金属槽盒保护；当采用矿物绝缘类不燃性电缆时，可直接明敷。

2　暗敷时，应穿管并应敷设在不燃烧性结构内且保护层厚度不应小于 30mm。

3　消防配电线路宜与其他配电线路分开敷设在不同的电缆井、沟内；确有困难需敷设在同一电缆井、沟内时，应分别布置在电缆井、沟的两侧，且消防配电线路应采用矿物绝缘类不燃性电缆。

《火灾自动报警系统设计规范》

11.2.3　线路暗敷设时，应采用金属管、可挠（金属）电气导管或 B_1 级以上的刚性塑料管保护，并应敷设在不燃烧体的结构层内，且保护层厚度不宜小于 30mm；线路明敷时，应采用金属管、可挠（金属）电气导管或金属封闭线槽保护。矿物绝缘类不燃性电缆可直接明敷。

11.2.4　火灾自动报警系统用的电缆竖井，宜与电力、照明用的低压配电线路电缆竖井分别设置。受条件限制必须合用时，应将火灾自动报警系统的电缆和电力、照明用的低压配电线路电缆分别布置在竖井的两侧。

11.2.5　不同电压等级的线缆不应穿入同一根保护管内，当合用同一线槽时，线槽内应有隔板分隔。

问题解析

1. 按规范要求，消防配电线路与其他配电线路宜分开敷设在不同的电缆井、沟内，确有困难需敷设在同一电缆井、沟内时，应分别布置在电缆井、沟的两侧，且消防配电线路应采用矿物绝缘类不燃性电缆。因此在非电缆井、沟的其他场所，消防配电线路与其他配电线路应分开槽盒敷设，非消防线路不应敷设在消防槽盒中。（采用矿物绝缘类不燃性电缆除外）

2. 电缆桥架的选择方式有梯架、托盘、线槽、槽盒等。消防配电线路明敷时，应采用有防火保护措施的金属导管或封闭式金属槽盒（前一版防火规范为封闭式金属线槽），不应标注桥架、梯架、托盘等。国家标准设计图集《建筑电气常用数据》中提到：电缆桥架敷设为 CT，金属线槽敷设为 SR 或 MR，所以在设计图纸中，消防线路敷设方式不应被标注 CT（采用 BTTZ 矿物绝缘类不燃性电缆除外）。

3. 干线采用 BTTZ 矿物绝缘线缆时，可直接明敷而没有特别要求，但是应注意：若支线不是采用矿物绝缘线缆的，还应按上述两条要求执行，消防配电线路与其他配电线路应分开槽盒敷设，非消防线路不应敷设在消防槽盒中。

4. 火灾自动报警系统用的线缆应敷设在智能化竖井中，受条件限制必须与电力、照明用的低压配电线路电缆共井时，应将火灾自动报警系统的线缆和电力、照明用的低压配电线路电缆分别布置在竖井的两侧，并采用有防火保护措施的金属导管或封闭式金属槽盒敷设。

5. 用于火灾自动报警系统线缆敷设的消防线槽内应用隔板分隔不同电压等级的线缆。

6. 系统图和平面图应与上述要求一致。

问题描述

问题2 对防火封堵要求不准确

在施工图审查时，经常出现设计图纸对配电线路穿越楼板、墙壁等没有具体要求，或要求不准确。

相关标准

《建筑设计防火规范》

6.2.9 建筑内的电梯井等竖井应符合下列规定：

3 建筑内的电缆井、管道井应在每层楼板处采用不低于楼板耐火极限的不燃材料或防火封堵材料封堵。

建筑内的电缆井、管道井与房间、走道等相连通的孔隙应采用防火封堵材料封堵。

问题解析

1. 设计图纸应注明所有缆线穿越的孔洞在缆线敷设完毕后均应被封堵。

2. 在每层楼板处，须采用不低于楼板耐火极限的不燃材料或防火封堵材料封堵。

3. 建筑中的管道井、电缆井等竖向管井是烟火竖向蔓延的通道，应采取在每层楼板处用相当于楼板耐火极限的不燃材料等防火措施分隔。在实际工程中，每层分隔对于检修影响不大，却能提高建筑的消防安全性。因此，要求对这些竖井在每层进行防火分隔。

问题描述	**问题 3　对选择铜芯线缆条件不清楚** 在施工图审查中，经常遇到选用铝合金电缆的情况，部分规范要求在一些特定场所采用铜芯电缆电线，也意味着在这些特定场所不应选用铝合金电缆电线。
相关标准	**《火灾自动报警系统设计规范》** 11.2.2　火灾自动报警系统的供电线路、消防联动控制线路应采用耐火铜芯电线电缆，报警总线、消防应急广播和消防专用电话等传输线路应采用阻燃或阻燃耐火电线电缆。 **《消防应急照明和疏散指示系统技术标准》** 3.5.1　（消防应急照明和疏散指示）系统线路应选择铜芯导线或铜芯电缆。 **《人民防空地下室设计规范》** 7.4.2　（人民防空地下室的）电缆和电线应采用铜芯电缆和电线。 **《老年人照料设施建筑设计标准》** 7.3.8　低压配电导体应采用铜芯电缆、电线。 **《医疗建筑电气设计规范》** 5.5.1　医疗建筑二级及以上负荷的供电回路，控制、检测、信号回路，医疗建筑内腐蚀、易燃、易爆场所的设备供电回路，应采用铜芯线缆。 **《会展建筑电气设计规范》** 6.3.1　会展建筑下列系统和场所应选用铜芯电线电缆： 1　所有消防线路； 2　会议、演出预留布线区域和展沟内布线区域。 **《民用建筑电气设计标准》** 7.4.1　低压配电导体选择应符合下列规定： 2　消防负荷、导体截面积在 $10mm^2$ 及以下的线路应选用铜芯。 3　民用建筑的下列场所应选用铜芯导体： 1）火灾时需要维持正常工作的场所； 2）移动式用电设备或有剧烈振动的场所； 3）对铝有腐蚀的场所； 4）易燃、易爆场所； 5）有特殊规定的其他场所。
问题解析	1. 在上述规范要求的场所应采用铜芯电缆电线，不应选用铝合金电缆电线。 2. 在其他场所若采用铝合金电缆电线时，应特别注意：铜、铝交接点必须特殊处理，否则因铜、铝交接点发生电化学变化会改变它们之间的接触电阻，存在可能引发火灾的隐患；同时应注意铝合金电缆电线的载流量要小于同截面铜芯电缆电线的载流量。

问题描述

问题 4　选择低烟低毒线缆的依据是什么

在设计说明中，没有清楚地说明在一些特定场所要采用低烟低毒电缆电线。

相关标准

《商店建筑设计规范》

7.3.14　对于大型和中型商店建筑的营业厅，线缆的绝缘和护套应采用低烟低毒阻燃型。

《教育建筑电气设计规范》

5.3.1　教育建筑的低压配电线缆应符合下列规定：

3　线缆绝缘材料及护套应避免火焰蔓延对建筑物和消防系统的影响，并应避免燃烧产生含卤烟雾对人身的伤害。

5.3.2　教育建筑中敷设的电线电缆宜采用无卤、低烟、阻燃型电线电缆。

《医疗建筑电气设计规范》

5.5.2　二级及以上医院应采用低烟、低毒阻燃类电缆，二级以下医院宜采用低烟、低毒阻燃类线缆。

《老年人照料设施建筑设计标准》

7.3.8　低压配电导体应采用铜芯电缆、电线，并应采用阻燃低烟无卤交联聚乙烯绝缘电缆、电线或无烟无卤电缆、电线。

《剧场建筑设计规范》

10.3.26　特等、甲等剧场配电线路应采用阻燃低烟无卤交联聚乙烯绝缘电力电缆、电线或无烟无卤电力电缆、电线；乙等剧场宜采用阻燃低烟无卤交联聚乙烯绝缘电力电缆、电线或无烟无卤电力电缆、电线。

相关标准	**《金融建筑电气设计规范》** 8.2.3　除直埋和穿管暗敷的电缆外，特级和一级金融设施主机房、辅助区和支持区的配电干线应采用低烟无卤阻燃 A 类电缆或母线槽。 8.2.4　二级金融设施主机房、辅助区和支持区的配电干线宜采用低烟无卤阻燃A类电缆或母线槽。 8.2.5　除全程穿管暗敷的电线外，特级和一级金融设施主机房、辅助区和支持区的分支配电线路应采用低烟无卤阻燃 A 类的电线。 8.2.6　二级金融设施主机房、辅助区和支持区的分支配电线路宜用低烟无卤阻燃 A 类电线。 **《会展建筑电气设计规范》** 6.3.2　会展建筑中除直埋敷设的电缆和穿导管暗敷的电线电缆外，成束敷设的电缆应采用阻燃型或阻燃耐火型电缆，在人员密集场所明敷的配电电缆应采用无卤低烟的阻燃或阻燃耐火型电缆。 **《电力工程电缆设计标准》** 3.3.7　在人员密集场所或有低毒性要求的场所，应选用交联聚乙烯或乙丙橡皮等无卤绝缘电缆，不应选用聚氯乙烯绝缘电缆。
问题解析	设计时应注意，在上述规范要求场所采用的电缆电线，应为低烟无卤或无烟无卤型的电缆电线。

问题描述

问题 1　对疏散照明备用电源的持续工作时间要求不准确

消防疏散照明使用的蓄电池电源，应注明有哪几项时间要求？

相关标准

《建筑设计防火规范》

10.1.5　建筑内消防应急照明和灯光疏散指示标志的备用电源的连续供电时间应符合下列规定：

1　建筑高度大于 100m 的民用建筑，不应小于 1.50h；

2　医疗建筑、老年人照料设施、总建筑面积大于 100000m^2 的公共建筑和总面积大于 20000m^2 的地下、半地下建筑，不应少于 1.00h；

3　其他建筑，不应小于 0.50h。

《消防安全疏散标志设置标准》（北京市地方标准）

3.2.7　消防安全疏散标志蓄电池组的初装容量应保证初始放电时间满足下列要求：

1　建筑高度 100m 及以下的建筑不应小于 90min；

2　建筑高度 100m 以上的建筑不应小于 180min；

3　避难层不应小于 540min。

《消防应急照明和疏散指示系统技术标准》

3.2.4　系统应急启动后，在蓄电池电源供电时的持续工作时间应满足下列要求：

1　建筑高度大于 100m 的民用建筑，不应小于 1.5h。

2　医疗建筑、老年人照料设施、总建筑面积大于 100000m^2 的公共建筑和总建筑面积大于 20000m^2 的地下、半地下建筑，不应少于 1.0h。

3　其他建筑，不应少于 0.5h。

4　城市交通隧道应符合下列规定：

1）一、二类隧道不应小于 1.5h，隧道端口外接的站房不应小于 2.0h；

2）三、四类隧道不应小于 1.0h，隧道端口外接的站房不应小于 1.5h。

5　本条第 1 款～第 4 款规定的场所中，当按照本标准第 3.6.6 条的规定设计时，持续工作时间应分别增加设计文件规定的灯具持续应急点亮时间。

6　集中电源的蓄电池组和灯具自带蓄电池达到使用寿命周期后标称的剩余容量应保证放电时间满足本条第 1 款～第 5 款规定的持续工作时间。

3.6.6　在非火灾状态下，系统主电源断电后，系统的控制设计应符合下列规定：

1　集中电源或应急照明配电箱应连锁控制其配接的非持续型照明灯的光源应急点亮、持续型灯具的光源由节电点亮模式转入应急点亮模式；灯具持续应急点亮时间应符合设计文件的规定，且不应超过 0.5h；

2　系统主电源恢复后，集中电源或应急照明配电箱应连锁其配接灯具的光源恢复原工作状态；灯具持续点亮时间达到设计文件规定的时间，且系统主电源仍未恢复供电时，集中电源或应急照明配电箱应连锁其配接灯具的光源熄灭。

问题解析	1.《消防应急照明和疏散指示系统技术标准》第3.2.4条第1款～第3款中消防应急照明和疏散指示系统在蓄电池电源供电时的持续工作时间，与《建筑设计防火规范》第10.1.5条中的备用电源的连续供电时间完全一致。 2. 由于蓄电池（组）在正常使用过程中要不断地进行充放电，蓄电池（组）的容量会随着充放电的次数成比例衰减，不同类别蓄电池（组）的使用寿命、在使用寿命周期内允许的充放电次数和衰减曲线不尽相同。在系统设计时，应按照选用蓄电池（组）的衰减曲线确定集中电源的蓄电池组或灯具自带蓄电池的初装容量，并应保证在达到使用寿命周期时蓄电池（组）标称的剩余容量的放电时间仍能满足设置场所所需的持续应急工作时间要求。 3. 依据《建筑设计防火规范》及《消防应急照明和疏散指示系统技术标准》的要求，设计说明中对于消防疏散照明系统蓄电池工作时间的要求，应明确蓄电池供电时的持续工作时间、蓄电池组达到使用寿命周期后标称的剩余容量应满足的持续工作时间。 4. 对于集中控制型的消防应急照明和疏散指示系统，在非火灾状态下，系统主电源断电后，可以采用蓄电池放电来点亮应急照明（包括疏散照明）光源，也就是按照《消防应急照明和疏散指示系统技术标准》第3.6.6条的要求，此时蓄电池放电的时间长短是由设计人员来决定的，也就是规范中所说的“设计文件规定的灯具持续应急点亮时间”，这个时间可以约定为10min、20min、30min，但最长不能超过30min。那么蓄电池供电时的持续工作时间、蓄电池组达到使用寿命周期后标称的剩余容量应满足的持续工作时间就应为：在《消防应急照明和疏散指示系统技术标准》第3.2.4条第1款～第4款要求的工作时间基础上，再分别增加“设计文件规定的灯具持续应急点亮时间”，譬如对于《消防应急照明和疏散指示系统技术标准》第3.2.4条3款的“其他建筑，不应少于0.5h”，在非火灾状态下，系统主电源断电后，设计采用蓄电池放电来点亮应急疏散照明20min，那么蓄电池供电时的持续工作时间、蓄电池组达到使用寿命周期后标称的剩余容量应满足的持续工作时间就应为：30min＋20min＝50min。在此情况下，设计说明中还应注明《消防应急照明和疏散指示系统技术标准》第3.6.6条第2款的要求。当然也可以不设计非火灾时应急照明点亮功能，即为按照《消防应急照明和疏散指示系统技术标准》第3.6.6条设计应急照明灯具非火灾时应急点亮时间为0，那么蓄电池供电时的持续工作时间、蓄电池组达到使用寿命周期后标称的剩余容量应满足的持续工作时间就应为：《消防应急照明和疏散指示系统技术标准》第3.2.4条第1款～第4款要求工作时间。 5. 依据《消防安全疏散标志设置标准》（北京市地方标准）还应注明：消防安全疏散标志蓄电池组的初装容量应保证的初始放电时间。若消防安全疏散标志蓄电池和消防应急照明蓄电池是共用同一蓄电池组，则应统一明确此蓄电池组的初装容量应保证的初始放电时间。

问题描述	**问题 2　对疏散照明的照度要求不准确** 疏散照明照度标准如何确定？
相关标准	**《建筑设计防火规范》** 10.3.2　建筑内疏散照明的地面最低水平照度应符合下列规定： 1　对于疏散走道，不应低于 1.0 lx。 2　对于人员密集场所、避难层（间），不应低于 3.0 lx；对于老年人照料设施、病房楼或手术部的避难间，不应低于 10.0 lx。 3　对于楼梯间、前室或合用前室、避难走道，不应低于 5.0 lx；对于人员密集场所、老年人照料设施、病房楼或手术部内的楼梯间、前室或合用前室、避难走道，不应低于 10.0 lx。
问题解析	1.《建筑设计防火规范》第 10.3.2 条第 1 款“对于疏散走道，不应低于 1.0 lx”，此处的“疏散走道”是指除去“人员密集场所、老年人照料设施”以外的其他场所的疏散走道。 而对于人员密集场所的疏散走道，其疏散照明的地面最低水平照度不应低于 3.0 lx。对于老年人照料设施的疏散走道，其疏散照明的地面最低水平照度不应低于 10.0 lx。 2. 规范中“人员密集场所”具体包括哪些场所，应按《中华人民共和国消防法》第七十三条的含义执行，并可参考《建设工程消防监督管理规定》第十三条、第十四条内容执行。 3. 对于使用功能不同的建筑物，疏散照明的最低照度标准同时还应执行各单体建筑的设计规范，例如，对于学校、银行金融机构等，其单体建筑设计规范的疏散照明照度要求更高一些，设计应按各单体建筑的设计规范执行。可参考《教育建筑电气设计规范》第 8.6.2 条和《金融建筑电气设计规范》第 9.4.3 条的要求。

问题描述

问题 3 对电源插座的要求不准确

规范中对哪些场所的电源插座有特别要求？

相关标准

《住宅建筑规范》

8.5.5 住宅套内的电源插座与照明，应分路配电。安装在 1.8m 及以下的插座均应采用安全型插座。

《住宅设计规范》

8.7.4 套内安装在 1.80m 及以下的插座均应采用安全型插座。

《教育建筑电气设计规范》

5.2.4 中小学、幼儿园的电源插座必须采用安全型。幼儿活动场所电源插座底边距地不应低于 1.8m。

《通用用电设备配电设计规范》

8.0.6 插座的形式和安装要求应符合下列规定：

6 在住宅和儿童专用活动场所应采用带保护门的插座。

《老年人照料设施建筑设计标准》

7.3.7 电源插座应采用安全型电源插座。

《托儿所、幼儿园建筑设计规范》

6.3.5 托儿所、幼儿园的房间内应设置插座，且位置和数量根据需要确定。活动室插座不应少于四组，寝室插座不应少于两组。插座应采用安全型，安装高度不应低于 1.80m。插座回路与照明回路应分开设置，插座回路应设置剩余电流动作保护，其额定动作电流不应大于 30mA。

6.3.6 幼儿活动场所不宜安装配电箱、控制箱等电气装置；当不能避免时，应采取安全措施，装置底部距地面高度不得低于 1.80m。

问题解析	1. 上述各规范标准条文对于电源插座的要求，都是基于使用安全方面的考虑，在相关工程的设计说明中应明确这些要求。 2.《教育建筑电气设计规范》第 5.2.4 条是为防止未成年中小学生和幼儿将手指或细物伸入插座的插孔中而触电，规定中小学、幼儿园的电源插座必须采用安全型。考虑幼儿的身高因素，规定幼儿活动场所电源插座底边距地不低于 1.80m，可进一步避免意外触电事故的发生。 3. 在中小学、幼儿园电气设计说明中，需明确所有场所的各类电源插座必须采用安全型。在幼儿园电气设计文件中，还需明确幼儿活动场所，如幼儿的活动室、衣帽储存间、卫生间、洗漱间及幼儿寝室等场所的电源插座底边距地为 1.80m 或大于 1.80m。 4. 对于《教育建筑电气设计规范》第 5.2.4 条，在幼儿园设计中，设计人员一般都能注意到幼儿活动室、寝室的电源插座设计底边距地不低于 1.80m，但容易忽略晨检室、隔离室、公共走道、各活动室配套的盥洗室、卫生间等场所，这些区域也是幼儿使用的场所，幼儿也会在此逗留，所以这些场所电源插座底边距地高度也不应低于 1.80m。 5. 对于《教育建筑电气设计规范》第 5.2.4 条，有的设计图纸中仅在设计说明中注明“幼儿活动场所的电源插座底边距地不应低于 1.80m”，但平面图中图例与安装高度 0.3m 的插座图例相同，也没有给出标注，这样，会给土建施工预留、预埋及设备安装时造成困扰。所以，“安装高度不应低于 1.80m 的插座”应采用不同的图例符号或特别进行标注，以避免错误。 6. 目前装修改造工程中儿童教育培训机构、早教机构较多，有些商场局部装修改造工程中也有一些儿童游艺、娱乐的工程，这些工程也应执行《教育建筑电气设计规范》第 5.2.4 条的要求。 7. 需要注意的是，如果幼儿活动场所安装有配电箱、电气控制箱，其底部距地安装高度也不应低于 1.80m。

问题描述

问题 1 设计说明中有关防雷等级的问题

1．确定建筑物的防雷等级应注意哪些问题?

2．为何建筑层数只有 3 层的幼儿园防雷等级是二类?

相关标准

《建筑物防雷设计规范》

3.0.2 在可能发生对地闪击的地区，遇下列情况之一时，应划为第一类防雷建筑物：

1 凡制造、使用或贮存火炸药及其制品的危险建筑物，因电火花而引起爆炸、爆轰，会造成巨大破坏和人身伤亡者。

2 具有 0 区或 20 区爆炸危险场所的建筑物。

3 具有 1 区或 21 区爆炸危险场所的建筑物，因电火花而引起爆炸，会造成巨大破坏和人身伤亡者。

3.0.3 在可能发生对地闪击的地区，遇下列情况之一时，应划为第二类防雷建筑物：

1 国家级重点文物保护的建筑物。

2 国家级的会堂、办公建筑物、大型展览和博览建筑物、大型火车站和飞机场、国宾馆，国家级档案馆、大型城市的重要给水泵房等特别重要的建筑物。

注：飞机场不含停放飞机的露天场所和跑道。

3 国家级计算中心、国际通信枢纽等对国民经济有重要意义的建筑物。

4 国家特级和甲级大型体育馆。

5 制造、使用或贮存火炸药及其制品的危险建筑物，且电火花不易引起爆炸或不致造成巨大破坏和人身伤亡者。

6 具有 1 区或 21 区爆炸危险场所的建筑物，且电火花不易引起爆炸或不致造成巨大破坏和人身伤亡者。

7 具有 2 区或 22 区爆炸危险场所的建筑物。

8 有爆炸危险的露天钢质封闭气罐。

9 预计雷击次数大于 0.05 次 /a 的部、省级办公建筑物和其他重要或人员密集的公共建筑物以及火灾危险场所。

10 预计雷击次数大于 0.25 次 /a 的住宅、办公楼等一般性民用建筑物或一般性工业建筑物。

3.0.4 在可能发生对地闪击的地区，遇下列情况之一时，应划为第三类防雷建筑物：

1 省级重点文物保护的建筑物及省级档案馆。

2 预计雷击次数大于或等于 0.01 次 /a，且小于或等于 0.05 次 /a 的部、省级办公建筑物和其他重要或人员密集的公共建筑物，以及火灾危险场所。

3 预计雷击次数大于或等于 0.05 次 /a，且小于或等于 0.25 次 /a 的住宅、办公楼等一般性民用建筑物或一般性工业建筑物。

4 在平均雷暴日大于 15d/a 的地区，高度在 15m 及以上的烟囱、水塔等孤立的高耸建筑物；在平均雷暴日小于或等于 15d/a 的地区，高度在 20m 及以上的烟囱、水塔等孤立的高耸建筑物。

问题解析	1.《建筑物防雷设计规范》第 3.0.2 条～第 3.0.4 条，明确划分了各类建筑物的防雷建筑等级。 2. 应注意：爆炸危险场所的分区不同的建筑物的防雷等级不同。 应注意：预计雷击次数相同的一般建筑物与人员密集的公共建筑物的防雷等级不同。 一般民用建筑物的最高防雷等级为二类。 《建筑物防雷设计规范》第 3.0.3 条第 9 款条文说明中已注明：人员密集的公共建筑物，是指如集会、展览、博览、体育、商业、影剧院、医院、学校等建筑物。幼儿园属于学校建筑，为人员密集的公共建筑物，对于北京地区一个 3 层的大中型幼儿园，往往其预计雷击次数大于 0.05 次 /a，依据《建筑物防雷设计规范》第 3.0.3 条的要求，其防雷等级是二类，而不是三类。

<table>
<tr><td colspan="2">第二章　设计说明中常见的问题</td><td>第七节　防雷接地</td></tr>
<tr><td>问题描述</td><td colspan="2">问题 2　设计说明中接地装置常用做法的问题
利用结构构件内钢筋作为引下线和接地装置时有哪些要求？</td></tr>
<tr><td>相关标准</td><td colspan="2">《建筑物防雷设计规范》
4.3　第二类防雷建筑物的防雷措施
4.3.5　利用建筑物的钢筋作为防雷装置时，应符合下列规定：
6　构件内有箍筋连接的钢筋或成网状的钢筋，其箍筋与钢筋、钢筋与钢筋应采用土建施工的绑扎法、螺丝、对焊或搭焊连接。单根钢筋、圆钢或外引预埋连接板、线与构件内钢筋应焊接或采用螺栓紧固的卡夹器连接。构件之间必须连接成电气通路。
4.4　第三类防雷建筑物的防雷措施</td></tr>
<tr><td>问题解析</td><td colspan="2">1. 建筑物宜利用钢筋混凝土屋面、梁、柱、基础内的钢筋作为引下线和接地装置，并应符合《建筑物防雷设计规范》规范第 4.3.5 条第 6 款规定。
2.《建筑物防雷设计规范》第 4.3.5 条第 6 款主要表达两个含义：一是利用建筑物的钢筋作为防雷装置时（前提是构件内有箍筋连接的钢筋或成为网状的钢筋），其箍筋与钢筋、钢筋与钢筋应采用土建施工的方法，如绑扎法、螺丝、对焊或搭焊连接，这样既能保证结构钢筋安全、钢筋附近混凝土安全，也可以满足雷电流通过的需求。二是构件之间必须通过土建施工的方法连接成电气通路，才是有效的接地装置。
3. 无论哪类防雷措施均应满足此项要求。</td></tr>
</table>

问题描述

问题 3　说明中接地电阻值的问题

为何要求防雷接地平面图中接地电阻值与设计说明中的接地电阻值应一致，且应小于等于建筑物内各接地电阻值要求的最小值。

相关标准

《建筑物电子信息系统防雷技术规范》

5.2.5　防雷接地与交流工作接地、直流工作接地、安全保护接地共用一组接地装置时，接地装置的接地电阻值必须按接入设备中要求的最小值确定。

《民用建筑电气设计标准》

12.5.11　建筑物各电气系统的接地，除另有规定外，应采用同一接地装置，接地装置的接地电阻应符合其中最小值的要求。各系统不能确定接地电阻值时，接地电阻不应大于 1Ω。

问题解析

1. 防雷接地：指建筑物防直击雷系统接闪装置、引下线的接地（装置）；内部系统的电源线路、信号线路（包括天馈线路）SPD 接地。

交流工作接地：指供电系统中电力变压器低压侧三相绕组中性点的接地。

直流工作接地：指电子信息设备信号接地、逻辑接地，又称功能性接地。

安全保护接地：指配电线路防电击（PE 线）接地、电气和电子设备金属外壳接地、屏蔽接地、防静电接地等。

这些接地在一栋建筑物中应共用一组接地装置，在钢筋混凝土结构的建筑物中通常是采用基础钢筋网（自然接地极）作为共用接地装置。

《雷电防护 第 3 部分：建筑物的物理损坏和生命危险》第 5.4.1 条规定：将雷电流（高频特性）分散入地时，为使任何潜在的过电压降到最小，接地装置的形状和尺寸很重要。一般来说，建议采用较小的接地电阻（如果可能，低频测量时小于 10Ω）。

我国电力部门规定：低压系统由单独的低压电源供电时，其电源接地点接地装置的接地电阻不宜超过 4Ω。

对于电子信息系统直流工作接地（信号接地或功能性接地）的电阻值，从我国各行业的实际情况来看，电子信息设备的种类很多，用途各不相同，它们对接地装置的电阻值要求不相同。

因此，当建筑物电子信息系统防雷接地与交流工作接地、直流工作接地、安全保护接地共用一组接地装置时，接地装置的接地电阻值必须按接入设备中要求的最小值确定，以确保人身安全和电气、电子信息设备正常工作。

2. 由于此最小值是一个确定的固定值，所以设计说明前后及各系统中关于接地电阻值要求应一致，防雷接地平面图等各平面图中关于接地电阻值要求也应与设计说明中一致。

3. 根据《民用建筑电气设计标准》第 12.5.11 条要求，除另有规定外，智能化系统接地应采用共用接地装置，接地电阻不应大于 1Ω。

问题描述

问题 4　有关浪涌保护器的问题有哪些

在设计说明中，应注明浪涌保护器的各项技术指标，不漏项。

相关标准

《建筑物防雷设计规范》

4.3　第二类防雷建筑物的防雷措施

4.3.8　防止雷电流流经引下线和接地装置时产生的高电位对附近金属物或电气和电子系统线路的反击，应符合下列规定：

4　在电气接地装置与防雷接地装置共用或相连的情况下，应在低压电源线路引入的总配电箱、配电柜处装设Ⅰ级试验的电涌保护器。电涌保护器的电压保护水平值应小于或等于 2.5kV。每一保护模式的冲击电流值，当无法确定时应取等于或大于 12.5kA。

5　当 Yyn0 型或 Dyn11 型接线的配电变压器设在本建筑物内或附设于外墙处时，应在变压器高压侧装设避雷器；在低压侧的配电屏上，当有线路引出本建筑物至其他有独自敷设接地装置的配电装置时，应在母线上装设Ⅰ级试验的电涌保护器，电涌保护器每一保护模式的冲击电流值，当无法确定时冲击电流应取等于或大于 12.5kA；当无线路引出本建筑物时，应在母线上装设Ⅱ级试验的电涌保护器，电涌保护器每一保护模式的标称放电电流值应等于或大于 5kA。电涌保护器的电压保护水平值应小于或等于 2.5kV。

4.4　第三类防雷建筑物的防雷措施

4.4.7　防止雷电流流经引下线和接地装置时产生的高电位对附近金属物或电气和电子系统线路的反击，应符合下列规定：

1　应符合本规范第 4.3.8 条第 1～5 款规定。

4.5　其他防雷措施

4.5.4　固定在建筑物上的节日彩灯、航空障碍信号灯及其他用电设备和线路应根据建筑物的防雷类别采取相应的防止闪电电涌侵入的措施，并应符合下列规定：

3　在配电箱内应在开关的电源侧装设Ⅱ级试验的电涌保护器，其电压保护水平不应大于 2.5kV，标称放电电流值应根据具体情况确定。

《综合布线系统工程设计规范》

8.0.10　当电缆从建筑物外面进入建筑物时，应选用适配的信号线路浪涌保护器。

问题解析

1. 根据建筑物防雷等级，并参照《建筑物防雷设计规范》第 4.3.8 条第 4 款和第 5 款，以及第 4.5.4 条第 3 款内容，在设计说明中应明确供配电系统在哪些位置、设置何种等级的电涌保护器，并明确电涌保护器的电压保护值和电涌保护器每一保护模式的冲击电流值（或标称放电电流值）。

2. 按《建筑物电子信息系统防雷技术规范》第 4.3.1 条中表 4.3.1 内容确定建筑物的电子信息雷电防护等级；再按第 5.4.3 条第 7 款中表 5.4.3-3 内容明确建筑物的电源线路浪涌保护器冲击电流和标称放电电流。

3. 对于Ⅰ级试验标准浪涌保护器和Ⅱ级试验标准浪涌保护器，由于试验标准不同，其技术参数有区别：Ⅰ级试验标准浪涌保护器，应明确每一保护模式的冲击电流值；Ⅱ级试验标准浪涌保护器，应明确每一保护模式的标称放电电流值。

4. 在弱电系统信号进入建筑物的位置，设置适配的信号线路浪涌保护器。在弱电系统图中也应明确表示。

问题描述

问题 5　在设计说明中应注意有关 TN 接地形式的问题

关于 TN 系统的接地形式，在规范中有哪些相关的要求？

相关标准

《民用建筑电气设计标准》

12.4.10　采用 TN-C-S 系统时，当 PEN 导体从某点分开后不应再合并或相互接触，且中性导体不应再接地。

《建筑物防雷设计规范》

6.1.2　当电源采用 TN 系统时，从建筑物总配电箱起供电给本建筑物内的配电线路和分支线路必须采用 TN-S 系统。

《建筑物电子信息系统防雷技术规范》

5.4.2　电子信息系统设备由 TN 交流配电系统供电时，从建筑物内总配电柜（箱）开始引出的配电线路必须采用 TN-S 系统的接地形式。

问题解析

1. 在 TN-S 系统中，中性线电流仅在专用的中性导体（N）中流动，而在 TN-C 系统中，中性线电流将通过信号电缆中的屏蔽或参考地导体、外露可导电部分和装置外可导电部分（例如建筑物的金属构件）流动。

对于敏感电子信息系统的每栋建筑物，因 TN-C 系统在全系统内 N 线和 PE 线是合一的，存在不安全因素，一般不宜采用。当 220/380V 低压交流电源为 TN-C 系统时，应在入户总配电箱处将 PEN 线重复接地一次，在总配电箱之后采用 TN-S 系统，N 线不应再接地，以避免工频 50Hz 基波及其谐波的干扰。

2. 设计说明中首先应明确本工程配电系统的接地形式。

3. 配电系统接地形式采用 TN-S 系统时，设计说明应明确：PE 线在入户点做重复接地，N 线不应再接地。

4. 配电系统接地形式采用 TN-C-S 系统时，设计说明应明确：电源（或 PEN 线）在入户点做重复接地，在重复接地点后，PE 和 N 线应分开，不应再合并，且 N 线不应再接地。

5. 系统图中进线线缆的芯数与接地形式密切相关。当进线线缆的芯数为 5 芯线，应明确接地形式采用 TN-S 系统；当进线线缆的芯数为 4 芯线，PEN 线在入户点（即总配电箱柜进线处）应做重复接地，PE 和 N 线从此分开不应再合并，且 N 线不应再接地，之后，从此建筑物内总配电柜（箱）引出的配电线路为 TN-S 系统接地形式，此时，本工程配电系统接地形式为 TN-C-S 系统。

问题描述	**问题6　有关防静电接地的问题** 在设计说明中，哪些设备或系统需要进行防静电接地？
相关标准	**《建筑设计防火规范》** 9.3.9　排除有燃烧或爆炸危险气体、蒸气和粉尘的排风系统，应符合下列规定： 1　排风系统应设置导除静电的接地装置。 9.3.16　燃油或燃气锅炉房应设置自然通风或机械通风设施。当采取机械通风时，机械通风设施应设置导除静电的接地装置。 **《气体灭火系统设计规范》** 6.0.6　经过有爆炸危险和变电、配电场所的管网，以及布设在以上场所的金属箱体等，应设防静电接地。 **《洁净厂房设计规范》** 8.4.2　可燃气体管道应采取下列安全技术措施： 2　引至室外的放散管应设置阻火器，并应设置防雷保护设施。 3　应设导除静电的接地设施。 8.4.3　氧气管道应采取下列安全技术措施： 2　应设导除静电的接地设施。 9.5.4　洁净室内可能产生静电危害的设备、流动液体、气体或粉体管道应采取防静电接地措施，其中有爆炸和火灾危险场所的设备、管道应符合现行国家标准《爆炸和火灾危险环境电力装置设计规范》GB 50058 的有关规定。
问题解析	1. 含可燃气体、蒸气和粉尘场所的排风系统，通过设置导除静电接地的装置，可以减少因静电引发爆炸的可能性。 由于燃油、燃气锅炉房在使用过程中存在逸漏或挥发的可燃性气体，要在这些房间内通过自然通风或机械通风的方式保持良好的通风条件，使逸漏或挥发的可燃性气体与空气混合气体的浓度不能达到其爆炸下限值的25%。 因此，对于燃气厨房、燃油或燃气锅炉房、燃气表间的事故排风系统（即机械通风设施），应设置导除静电的接地装置。 2. 事故排风系统包括事故风机、管道、阀门等，这些相关设备均应设置导除静电的接地装置。 3. 可燃气体室外放散管应设置防雷保护设施。 4. 对于设有气体灭火系统的工程，经过有爆炸危险和变电、配电场所的气体灭火系统管网，以及布设在以上场所的金属箱体等应采取防静电接地措施。 5.《洁净厂房设计规范》第9.5.4条、《电子工业洁净厂房设计规范》第13.3.4条、《医药工业洁净厂房设计标准》第11.4.4条均为强制性条文，条文内容基本一致。对于可燃气体管道防雷保护措施和导除静电接地措施，上述三个标准均有内容类似的强制性条文的要求。

问题描述

问题 1　光纤到户设计的依据是什么

公共建筑和住宅项目通信工程必须实现光纤到户，实现光纤到户的依据是什么？

相关标准

《综合布线系统工程设计规范》

4.1.1　在公用电信网络已实现光纤传输的地区，建筑物内设置用户单元时，通信设施工程必须采用光纤到用户单元的方式建设。

《住宅区和住宅建筑内光纤到户通信设施工程设计规范》

1.0.4　在公用电信网络已实现光纤传输的县级及以上城区，新建住宅区和住宅建筑的通信设施应采用光纤到户方式建设。

问题解析

1.《综合布线系统工程设计规范》第 4.1.1 条，是根据《“宽带中国”战略及实施方案》的目标要求，为加速推进宽带网络建设，并保障工程的有效实施而提出的。目前，公用建筑中商住办公楼以及一些自用办公楼将楼内部分楼层或区域出租给相关的公司或企业作为办公场所，而这些出租区域的使用面积、空间划分、区域功能等需求经常会随着租用者的变化而发生改变。同时，对信息通信的业务和带宽的要求比较高的公司或企业用户，一般会建设自己的企业级计算机局域网和自用的布线系统，并将其直接连接至公用通信网的接入系统。对于这类用户使用的建筑物区域，如果按照传统的综合布线系统进行设计，将会出现信息点位置与数量上的偏差，造成原有工作区的布线设备资源的浪费；同时通过楼宇的多级配线或计算机网络与公用通信网互通，不便于用户使用通信业务。本规范提出采用“光纤到用户单元”的方式建设通信设施工程的要求，既能够满足用户对高速率、大带宽的数据及多媒体业务的需要，适应现阶段及将来通信业务需求的快速增长，又可以有效地避免对通信设施进行频繁的改建及扩建，同时为用户自由选择电信业务经营者创造便利条件。

问题解析	2.《住宅区和住宅建筑内光纤到户通信设施工程设计规范》第 1.0.4 条，是根据《中华人民共和国国民经济和社会发展第十二个五年规划纲要》中“构建下一代信息基础设施”，“推进城市光纤入户，加快农村地区宽带网络建设，全面提高宽带普及率和接入带宽”以及《“十二五”国家战略性新兴产业发展规划》中“实施宽带中国工程”“加快推进宽带光纤接入网络建设”等内容而提出。加快推进光纤到户，是提升宽带接入能力、实施宽带中国工程、构建下一代信息基础设施的迫切需要。《“十二五”国家战略性新兴产业发展规划》明确提出，到 2015 年城市和农村家庭分别实现 20 兆和 4 兆以上宽带接入能力，部分发达城市网络接入能力达到 100 兆的发展目标，要实现这个目标，必须推动城市宽带接入技术换代和网络改造，实现光纤到户。 当前，光纤到户已作为主流的家庭宽带通信接入方式，其部署范围及建设规模正在迅速扩大。与铜缆接入、光纤到楼等接入方式相比，光纤到户接入方式在用户接入带宽、所支持业务丰富度、系统性能等方面均有明显的优势。主要表现在：一是光纤到户接入方式能够满足高速率、大带宽的数据及多媒体业务的需求，能够适应现阶段及将来通信业务种类和带宽需求的快速增长，同时光纤到户接入方式对网络系统和网络资源的可管理性、可拓展性更强，可大幅度提升通信业务质量和服务质量；二是采用光纤到户的接入方式可以有效地实现共建共享，减少重复建设，为用户自由选择电信业务经营者创造便利条件，并且能有效地避免对住宅区及住宅建筑内通信设施进行频繁的改建及扩建；三是光纤到户接入方式能够节省有色金属资源，减少资源开采及提炼过程中的能源消耗，并能有效地推进光纤光缆等战略性新兴产业的快速发展。 3. 在住宅设计时，设计说明中应明确住宅按光纤到户设计，系统图、平面图中还应有具体表示，且户内智能化箱内应留有电源。 4. 北京市范围内的所有公共建筑、住宅建筑项目必须采用光纤到户的方式建设。

<table>
<tr><td>问题描述</td><td>问题 2　光纤到户系统设计必须满足的要求是什么
光纤到户系统设计必须满足哪些要求？</td></tr>
<tr><td>相关标准</td><td>《综合布线系统工程设计规范》
4.1.2　光纤到用户单元通信设施工程的设计必须满足多家电信业务经营者平等接入、用户单元的通信业务使用者可自由选择电信业务经营者的要求。
4.1.3　新建光纤到用户单元通信设施工程的地下通信管道、配线管网、电信间、设备间等通信设施，必须与建筑工程同步建设。
《住宅区和住宅建筑内光纤到户通信设施工程设计规范》
1.0.3　住宅区和住宅建筑内光纤到户通信设施工程的设计，必须满足多家电信业务经营者平等接入、用户可自由选择电信业务经营者的要求。
1.0.7　新建住宅区和住宅建筑内的地下通信管道、配线管网、电信间、设备间等通信设施，必须与住宅区及住宅建筑同步建设。</td></tr>
<tr><td>问题解析</td><td>1.《综合布线系统工程设计规范》第 4.1.2 条，是依据国务院印发的《“宽带中国”战略及实施方案》中提出了明确宽带网络作为国家公共基础设施的法律地位；规范宽带市场竞争行为，保障公共服务区域的公平进入；将宽带网络建设纳入各地城乡规划、土地利用总体规划；加强宽带网络设施与城市其他通信管线、居住区、公共建筑等管线的协调等政策措施，加强战略引导和总体部署。
2.《住宅区和住宅建筑内光纤到户通信设施工程设计规范》第 1.0.3 条，是根据原信息产业部和原建设部联合发布的《关于进一步规范住宅小区及商住楼通信管线及通信设施建设的通知》（信部联规〔2007〕24 号）的要求而提出的，即“房地产开发企业、项目管理者不得就接入和使用住宅小区和商住楼内的通信管线等通信设施与电信运营企业签订垄断性协议，不得以任何方式限制其他电信运营企业的接入和使用，不得限制用户自由选择电信业务的权利”。
3. 光纤到户（公共建筑、住宅）通信设施作为基础设施，工程建设由电信业务经营者与建筑建设方共同承建。为了保障通信设施工程质量，由工程建设方承担的通信设施工程建设部分，在工程建设前期应与土建工程统一规划、设计，在施工、验收阶段做到同步实施，以避免多次施工对建筑和用户造成的影响。
4. 设计说明中应明确表示上述规范要求，且平面图中的小区通信间和楼座弱电间的面积大小应满足多家电信业务经营者平等接入的要求，规模较大的小区或建筑物有条件的，可建多个通信间；同时，应预留相关的进出线管线和相应容量的电源等。
5. 通信系统图纸应与本工程电气专业其他图纸同步发出。</td></tr>
</table>

问题描述	**问题 3　有关安防监控中心的重要规定是什么** 安防监控中心有哪些重要规定？
相关标准	**《安全防范工程技术标准》** 6.14.2　监控中心的自身防护应符合下列规定： 1　监控中心应有保证自身安全的防护措施和进行内外联络的通信手段，并应设置紧急报警装置和留有向上一级接处警中心报警的通信接口； 2　监控中心出入口应设置视频监控和出入口控制装置；监视效果应能清晰显示监控中心出入口外部区域的人员特征及活动情况； 3　监控中心内应设置视频监控装置，监视效果应能清晰显示监控中心内人员活动的情况； 4　应对设置在监控中心的出入口控制系统管理主机、网络接口设备、网络线缆等采取强化保护措施。 **《民用建筑电气设计标准》** 14.9.4　安防监控中心应设置为禁区，应有保证自身安全的防护措施和进行内外联结的通信装置，并应设置紧急报警装置和留有向上一级接处警中心报警的通信接口。
问题解析	1. 安防监控中心是安防系统的神经中枢和指挥中心，其自身的安全尤其重要。 《安全防范工程技术标准》第 6.14.2 条第 1 款是监控中心进行自我保护和指挥调度其他防范力量的重要措施。监控中心是安防系统的中央控制室，必须保护其自身安全，如封闭措施等，并能实现紧急报警和日常内外通信。根据安防管理需要，必要时，要向上一级接处警中心报警，监控中心必须要预留出相应的联网接口。 第 2 款，监控中心的出入口管控是自身防护的重点，在出入口安装出入口控制装置用于对进出人员实施权限管理；在出入口处要设置视频监控装置，对出入或接近出入口人员的情况进行监视、记录。 第 3 款，监控中心内部的值守区和设备区也应是受监控区域，因此应设置视频监控装置，对监控中心内部人员的活动状况进行监视、记录。 第 4 款，监控中心是出入口控制系统网络与数据服务的汇集点，必须对放置在监控中心的出入口控制系统管理主机、网络接口设备、网络线缆等采取物理隔离和（或）视频监控等强化保护措施，否则，监控中心的出入口控制系统受到破坏，会影响到其他受控区的安全。 2. 当建设工程中设置有安防监控中心时，设计说明中须按照《安全防范工程技术标准》的相关要求，明确安防监控中心的各项设计要求，平面图应有相应设计。

问题描述	**问题 4　安防应急响应系统的重要规定有哪些** 应注意安防应急响应系统的重要规定。
相关标准	**《智能建筑设计标准》** 4.6.6　总建筑面积大于 20000m^2 的公共建筑或建筑高度超过 100m 的建筑所设置的应急响应系统，必须配置与上一级应急响应系统信息互联的通信接口。 4.7.6　机房工程紧急广播系统备用电源的连续供电时间，必须与消防疏散指示标志照明备用电源的连续供电时间一致。
问题解析	1. 应急响应系统的定义：应对各类突发公共安全事件，提高应急响应速度和决策指挥能力，有效预防、控制和消除突发公共安全事件的危害，具有应急技术体系和响应处置功能的应急响应保障机制或履行协调指挥职能的系统。 2.《智能建筑设计标准》第 4.6.6 条与《安全防范工程技术标准》第 6.14.2 条第 1 款相对应，即：监控中心应有保证自身安全的防护措施和进行内外联络的通信手段，并应设置紧急报警装置和留有向上一级接处警中心报警的通信接口。 由于总建筑面积大于 20000m^2 的公共建筑，人员密集、社会影响面大、公共灾害受威胁突出；建筑高度超过 100m 的超高层建筑，在紧急状态下不便人流及时疏散，因此，为适应建筑物公共安全的实际需求现状和强化管理措施落实，有效防范威胁民生的恶性突发事件对人们生命财产造成重大危害和巨大经济损失，总建筑面积大于 20000m^2 的公共建筑或建筑高度超过 100m 的建筑所设置的应急响应系统，必须配置与建筑物相应属地的上一级应急响应体系机构的信息互联通信接口，确保该建筑内所设置的应急响应系统实时、完整、准确地与上一级应急响应系统全局性可靠对接，提升当危及建筑内人员生命遇到重大风险时及时预警发布和有序引导疏散的应急抵御能力，由此避免重大人员伤害或缓解危及生命祸害、减少经济损失，同时，使建筑物属地的与国家和地方应急指挥体系相配套的地震检测机构、防灾救灾指挥中心监测到的自然灾害、重大安全事故、公共卫生事件、社会安全事件、其他各类重大、突发事件的预报及预期警示信息，通过城市应急响应体系信息通信网络可靠地下达，起到启动处置预案更迅速的响应保障。 3. 紧急广播系统是建筑物中最基本的紧急疏散设施之一，是建筑物中各类安全信息指令发布和传播最直接、最广泛、最有效的重要技术方式之一。为了确保紧急广播系统在大规模、超高层的建筑中可靠运行，本条提出了强化安全性能的规定。对该类建筑与公共安全相配套的紧急广播系统（包括与火灾自动报警系统相配套的应急广播系统），要求其备用电源的连续供电时间必须与消防疏散指示标志照明备用电源的连续供电时间一致，有效地健全建筑公共安全系统的配套设施，提高建筑物自身抵御灾害的能力。

问题描述

问题 5 出入口控制系统的防护不能满足应急疏散要求

出入口控制系统在紧急情况时应满足人员紧急疏散的哪些要求？

相关标准

《建筑设计防火规范》

6.4.11 建筑内的疏散门应符合下列规定：

4 人员密集场所内平时需要控制人员随意出入的疏散门和设置门禁系统的住宅、宿舍、公寓建筑的外门，应保证火灾时不需使用钥匙等任何工具即能从内部易于打开，并应在显著位置设置具有使用提示的标识。

《出入口控制系统工程设计规范》

9.0.1 系统安全性设计除应符合现行国家标准《安全防范工程技术规范》GB 50348 的有关规定外，还应符合下列规定：

2 （出入口控制）系统必须满足紧急逃生时人员疏散的相关要求。当通向疏散通道方向为防护面时，系统必须与火灾报警系统及其他紧急疏散系统联动，当发生火警或需紧急疏散时，人员不使用钥匙应能迅速安全通过。

《民用建筑电气设计标准》

14.4.3 疏散通道上设置的出入口控制装置必须与火灾自动报警系统联动，在火灾或紧急疏散状态下，出入口控制装置应处于开启状态。

《住宅设计规范》

8.7.9 当发生火警时，疏散通道上和出入口处的门禁应能集中解锁或能从内部手动解锁。

《火灾自动报警系统设计规范》

4.10.3 消防联动控制器应具有打开疏散通道上由门禁系统控制的门和庭院电动大门的功能，并应具有打开停车场出入口挡杆的功能。

《建筑智能化系统工程设计规范》（北京市地方标准）

5.5.11 出入口控制系统应与视频安防监控系统、入侵报警系统联动；当与火灾自动报警系统联动时，在有火警时应能自动打开公共通道上的安全门。

5.8 住宅（小区）访客对讲系统

5.8.1 住宅楼入口或单元入口应设访客对讲装置，住户应设置对讲分机，并附有紧急报警按钮。当投资允许时，宜采用可视对讲装置。住户对讲分机应可对所对应入口位置的人员出入管理系统进行远程开门操作。

5.8.2 所有通往住宅楼内部的通道口，包括地下车库直接通向楼内的通道均应安装与楼门相同的访客对讲装置。

5.8.3 访客对讲系统应于小区安防监控室内设置管理主机，并能与所辖区域内住户对讲机进行双向通信。

1. 出入口控制系统必须满足紧急逃生时人员疏散的相关要求。

问题解析	2. 在公共建筑中，一些很少使用的疏散门，在平时处于锁闭状态，但无论如何，设计人员均要考虑采取措施使疏散门能在火灾时从内部很方便地打开。 3. 当出入口控制系统与火灾报警系统联动时，考虑到传输线路可能被烧断，系统联动宜在最末端的出入口控制器位置完成；当出入口控制系统的门锁采用断电开启型产品时，可采用切除门锁电源的方式实现对受控门的释放。 4. 北京市住宅（小区）访客对讲门禁系统的设置依据是《建筑智能化系统工程设计规范》，它也是施工图审查的内容。设计说明中须简述住宅（小区）访客对讲门禁系统的主要设计内容，系统图、平面图应有相应的措施。 5. 所有通往住宅楼内部的通道口均应设防。 编者注：《安全防范工程技术规范》GB 50348—2004 已由《安全防范工程技术标准》GB 50348—2018 替代。

<table>
<tr><td>问题描述</td><td>问题 6　公共紧急广播系统的强制性要求有哪些
公共紧急广播系统的强制性要求有哪些？</td></tr>
<tr><td>相关标准</td><td>《公共广播系统工程技术标准》
3.5.5　紧急广播传输线缆及其线槽、线管应采用阻燃材料。
3.6.6　紧急广播扬声器应符合下列规定：
1　广播扬声器应使用阻燃材料，或具有阻燃外壳结构；
2　广播扬声器的外壳防护等级应符合现行国家标准《外壳防护等级（IP 代码）》GB/T 4208 的有关规定。
《智能建筑设计标准》
4.7.6　机房工程紧急广播系统备用电源的连续供电时间，必须与消防疏散指示标志照明备用电源的连续供电时间一致。</td></tr>
<tr><td>问题解析</td><td>1. 紧急广播的定义：公共广播系统为应对突发公共事件而向其服务区发布的广播。包括警报信号、指导公众疏散的信息和有关部门进行现场指挥的命令等。
2. 用于火灾隐患区的紧急广播设备，应能在火灾初发阶段播出紧急广播，且不应由于助燃而扩大灾患，所以，紧急广播扬声器、紧急广播传输缆及其线槽、线管均应采用阻燃材料。当发生火灾时，自动喷淋系统将会启动，广播扬声器要依靠自身的外壳防护，在短期喷淋条件下能工作。
3. 紧急广播系统是建筑物中最基本的紧急疏散设施之一，是建筑物中各类安全信息指令发布和传播最直接、最广泛、最有效的重要技术方式之一。为了确保紧急广播系统在大规模、超高层的建筑中可靠运行，本条提出了强化安全性能的规定。对该类建筑与公共安全相配套的紧急广播系统（包括与火灾自动报警系统相配套的应急广播系统），要求其备用电源的连续供电时间必须与消防疏散指示标志照明备用电源的连续供电时间一致，有效地健全建筑公共安全系统的配套设施，提高建筑物自身抵御灾害的能力。
4. 设计说明中应首先明确公共广播（紧急广播）与消防广播的关系，当公共广播（紧急广播）与消防广播合用，或公共广播（紧急广播）用于消防广播时，在设计说明中应进一步明确公共广播（紧急广播）系统的扬声器、传输线路、敷设方式等应满足以上消防要求。</td></tr>
</table>

问题描述	**问题 1　对火灾自动报警系统及消防控制室的定性不准确** 1. 消防设计说明中未明确采用的是何种火灾自动报警系统；未明确设置的是消防控制室，还是值班室；对于设置多个消防控制室的系统，未明确控制室的数量，未明确主控室、分控室的从属关系。 2. 未明确上述房间的位置，或所注位置与相关平面图不一致。
相关标准	**《火灾自动报警系统设计规范》** 3.2.1　火灾自动报警系统形式的选择，应符合下列规定： 1　仅需要报警，不需要联动自动消防设备的保护对象宜采用区域报警系统。 2　不仅需要报警，同时需要联动自动消防设备，且只设置一台具有集中控制功能的火灾报警控制器和消防联动控制器的保护对象，应采用集中报警系统，并应设置一个消防控制室。 3　设置两个及以上消防控制室的保护对象，或已设置两个及以上集中报警系统的保护对象，应采用控制中心报警系统。 3.2.4　控制中心报警系统的设计，应符合下列规定： 1　有两个及以上消防控制室时，应确定一个主消防控制室。
问题解析	1. 设计说明应明确本工程火灾自动报警系统形式，应明确采用的是区域报警系统、集中报警系统、控制中心报警系统中的哪一种报警系统。 2. 设计说明应明确本工程消防控制中心、消防控制室、消防值班室的设置，并明确各房间的数量、位置，设置两个及以上消防控制室时，应明确哪个是主消防控制室，哪个是分消防控制室。

问题描述

问题 2 设计说明不满足消防控制室的设置要求

消防控制室的设置不满足规范要求（结合平面图）。

相关标准

《火灾自动报警系统设计规范》

3.4.1 具有消防联动功能的火灾自动报警系统的保护对象中应设置消防控制室。

3.4.5 消防控制室送、回风管的穿墙处应设防火阀。

3.4.6 消防控制室内严禁穿过与消防设施无关的电气线路及管路。

3.4.7 消防控制室不应设置在电磁场干扰较强及其他影响消防控制室设备工作的设备用房附近。

3.4.8 消防控制室内设备的布置应符合下列规定：

5 与建筑其他弱电系统合用的消防控制室内，消防设备应集中设置，并应与其他设备间有明显间隔。

《建筑设计防火规范》

8.1.7 设置火灾自动报警系统和需要联动控制的消防设备的建筑（群）应设置消防控制室。消防控制室的设置应符合下列规定：

1 单独建造的消防控制室，其耐火等级不应低于二级；

2 附设在建筑内的消防控制室，宜设置在建筑内首层或地下一层，并宜布置在靠外墙部位；

3 不应设置在电磁场干扰较强及其他可能影响消防控制设备正常工作的房间附近；

4 疏散门应直通室外或安全出口；

5 消防控制室内的设备构成及其对建筑消防设施的控制与显示功能以及向远程监控系统传输相关信息的功能，应符合现行国家标准《火灾自动报警系统设计规范》GB 50116 和《消防控制室通用技术要求》GB 25506 的规定。

<table>
<tr><td>相关标准</td><td>

《民用建筑电气设计标准》

23.2.1　机房位置选择应符合下列规定：

1　机房宜设在建筑物首层及以上各层，当有多层地下层时，也可设在地下一层；

2　机房不应设置在厕所、浴室或其他潮湿、易积水场所的正下方或与其贴邻；

3　机房应远离振动源和强噪声源的场所，当不能避免时，应采取有效的隔振、消声和隔声措施；

4　机房应远离强电磁场干扰场所，当不能避免时，应采取有效的电磁屏蔽措施。

23.2.3　大型公共建筑宜按使用功能和管理职能分类集中设置机房，并应符合下列规定：

2　安防监控中心宜与消防控制室合并设置；

3　与消防有关的公共广播机房可与消防控制室合并设置；

6　信息化应用系统机房宜集中设置，当火灾自动报警系统、安全技术防范系统、建筑设备管理系统、公共广播系统等的中央控制设备集中设在智能化总控室内时，不同使用功能或分属不同管理职能的系统应有独立的操作区域。

</td></tr>
<tr><td>问题解析</td><td>

1. 消防控制室应远离强电磁场干扰场所，不应设置在变电所的楼上、楼下或贴邻。

2. 消防控制室应避免设在易积水的场所的下方或贴邻，如不应设置在卫生间、浴室、水池、厨房等的正下方或贴邻。

3. 消防控制室宜远离含有易燃、易爆物品的场所，如不应设置在公共建筑物中常见的酒店、餐厅的厨房操作间、燃气表间等的楼上、楼下或贴邻。

4. 消防控制室内严禁穿过与消防设施无关的电气线路和水暖管路。

5. 消防控制室，不应设置在建筑内除首层和地下一层以外的楼层，其疏散门应直通室外或安全出口。

6. 消防控制室与建筑其他弱电系统合用时，消防设备应集中设置，并应与其他设备间有明显间隔。

</td></tr>
</table>

<table>
<tr><td>问题描述</td><td>

问题 3　设计说明中对火灾自动报警系统及联动控制的说明不准确

1. 设计项目中经常遇到消防设计说明比较简单，采用何种火灾自动报警系统不明，有何联动系统及联动关系未说明或说明不全面，对本工程除火灾自动报警控制器外的其他消防设备、装置未有说明或说明不全面。

2. 虽然有些项目工程量很小，火灾自动报警系统比较简单，但是在消防设计说明中却写明了规范中所有条文内容、所有联动控制要求，工程中未设置的设备、系统也被全部写明。
</td></tr>
<tr><td>相关标准</td><td>

《火灾自动报警系统设计规范》
</td></tr>
<tr><td>问题解析</td><td>

1. 消防设计说明中应写入与本工程相关的内容，设置了何种火灾自动报警系统，采用了何种探测报警、联动设备，说明消防设备间的联动关系，消防设备与非消防设备间的联动关系，如消防水泵系统联动控制设计、防烟排烟系统联动控制设计、消防应急照明和疏散指示系统联动控制设计、防火门监控系统联动控制设计、消防电源监控系统联动控制设计、电气火灾监控系统联动控制设计等；与本工程无关的系统设备、联动控制内容不应被写入。

2.《火灾自动报警系统设计规范》的强制性条文比较多，其中部分条文在系统图、平面图中不容易被表示或不容易被表示清楚，应在消防设计说明中明确表示或集中说明。《火灾自动报警系统设计规范》中最常见的第 3.1.6 条、第 3.1.7 条、第 4.1.1 条、第 4.1.3 条、第 4.1.4 条、第 4.1.6 条、第 4.8.1 条、第 4.8.4 条、第 4.8.5 条、第 6.5.2 条、第 6.8.2 条、第 6.8.3 条、第 10.1.1 条、第 11.2.2 条、第 11.2.5 条等条文，在消防设计说明中应被明确表示。

3.《火灾自动报警系统设计规范》第 3.1.6 条，系统总线上应设置总线短路隔离器，每只总线短路隔离器保护的火灾探测器、手动火灾报警按钮和模块等消防设备的总数不应超过 32 点；总线穿越防火分区时，应在穿越处设置总线短路隔离器。设计时，对“总数不应超过 32 点”会有说明，常见设计说明中未明确“总线穿越防火分区时，应在穿越处设置总线短路隔离器”，此内容在平面图中也应有具体表示。

4.《火灾自动报警系统设计规范》中“应”字条文比较多，为消防审查内容，但其中很多条文在系统图、平面图中不容易被表示或不易被表示清楚，应在消防设计说明中明确表示或集中说明。《火灾自动报警系统设计规范》中比较常见的第 4.7.1 条、第 4.7.2 条、第 4.9.2 条、第 4.10.1 条、第 4.10.3 条、第 6.2.5 条、第 6.2.6 条、第 6.2.7 条、第 6.2.8 条、第 6.6.1 条、第 10.1.5 条等条文，在消防设计说明中应被明确表示。

5. 消防说明中应按本工程相关设计内容，明确《建筑防烟排烟系统技术标准》第 5.1.2 条、第 5.1.3 条、第 5.2.2 条中相关要求，明确《消防给水及消火栓系统技术规范》第 11.0.2 条、第 11.0.5 条、第 11.0.7 条、第 11.0.9 条、第 11.0.12 条中相关要求，明确《气体灭火系统设计规范》第 5.0.2 条、第 5.0.4 条、第 6.0.6 条相关要求，并应与系统图和平面图中的设计保持一致。
</td></tr>
</table>

问题描述	**问题 4　设计说明中未明确消防广播系统与公共广播系统之间的关系** 在很多设计说明中，未明确普通广播或背景音乐广播、公共广播系统、紧急广播系统等与消防应急广播设备之间的关系，未明确火灾时各广播系统之间的关系。
相关标准	**《火灾自动报警系统设计规范》** 4.8.12　消防应急广播与普通广播或背景音乐广播合用时，应具有强制切入消防应急广播的功能。 **《公共广播系统工程技术标准》** 3.5.5　紧急广播传输线缆及其线槽、线管应采用阻燃材料。 3.6.6　紧急广播扬声器应符合下列规定： 1　广播扬声器应使用阻燃材料，或具有阻燃外壳结构； **《电子会议系统工程设计规范》** 3.0.8　会议讨论系统和会议同声传译系统必须具备火灾自动报警联动功能。
问题解析	1. 设计说明中应明确本工程消防应急广播与普通广播或背景音乐广播是否合用。合用时，应具有强制切入消防应急广播的功能；普通广播或背景音乐广播传输线缆及其线槽、线管应采用阻燃材料；普通广播或背景音乐广播扬声器应使用阻燃材料设置，或具有阻燃后罩结构。 2. 设计说明中应明确本工程消防应急广播与普通广播或背景音乐广播是否合用，不合用时，火灾时应停止普通广播或背景音乐广播，以免干扰消防应急广播。

问题描述	**问题 1　人防工程概况说明不详细，图纸编号混乱** 1．在人防电气工程设计说明中，对人防工程各防护单元的概况描述不够详细。 2．人防电气工程无单独图纸目录。
相关标准	**《建筑工程设计文件编制深度规定（2016 年版）》** 3.6.2　设计说明书。 1　设计依据。 1）工程概况：应说明建筑的建设地点、自然环境、建筑类别、性质、面积、层数、高度、结构类型等。 **《人民防空地下室施工图设计文件审查要点》** 6.2.3　设计中应有人防设计说明，内容包括：工程概况、平时、战时用途，防护等级、人防电源、战时负荷等级、电力、配电、线路敷设、管线密闭、照明、接地、通信等内容。
问题解析	1. 人防图纸（可一图双号）应可以单独成套，（应有单独的人防图纸目录），便于人防部门在施工及验收时使用。 2. 设计图纸中有人防工程内容的，在设计说明中应单独列出。 3. 人防工程概况描述应准确、全面，应包括人防工程的建筑面积，防护单元数量，每个防护单元的防护等级，平时、战时用途，每个防护单元的位置和层数等的详细信息，可以引用建筑设计图纸中的表格。

<table>
<tr><td>问题描述</td><td>

问题 2　人防战时用电负荷的等级不明确、不准确

1. 人防设计说明中未明确平时、战时电力负荷等级或明确内容不详细。

2. 人防设计说明中缺少平时、战时电力负荷汇总表。

</td></tr>
<tr><td>相关标准</td><td>

《人民防空地下室设计规范》

7.2.1　电力负荷应分别按平时和战时用电负荷的重要性、供电连续性及中断供电后可能造成的损失或影响程度分为一级负荷、二级负荷和三级负荷。

7.2.2　平时电力负荷分级，除执行本规范有关规定外，还应符合地面同类建筑国家现行有关标准的规定。

7.2.3　战时电力负荷分级，应符合下列规定：

1　一级负荷：

1）中断供电将危及人员生命安全；

2）中断供电将严重影响通信、警报的正常工作；

3）不允许中断供电的重要机械、设备；

4）中断供电将造成人员秩序严重混乱或恐慌；

2　二级负荷：

1）中断供电将严重影响医疗救护工程、防空专业队工程、人员掩蔽工程和配套工程的正常工作；

2）中断供电将影响生存环境；

3　三级负荷：除上述两款规定外的其他电力负荷。

7.2.4　战时常用设备电力负荷分级应符合表 7.2.4 的规定。

《平战结合人民防空工程设计规范》（北京市地方标准）

7.2.1　人防工程电力负荷应分别按平时和战时用电负荷的重要性、供电连续性及中断供电后可能造成的损失或影响程度，从高到低分为一级负荷、二级负荷和三级负荷。

7.2.2　战时电力负荷的分级应符合现行国家标准《人民防空地下室设计规范》GB 50038 和《人民防空工程设计规范》GB 50225 的有关规定。战时常用设备电力负荷分级应符合表 7.2.2 的规定。

7.2.7　电力负荷应按平时和战时两种情况分别计算。电源容量应分别满足平时和战时最大计算负荷的需要。

</td></tr>
<tr><td>问题解析</td><td>

1. 人防设计说明中应分别列出战时、平时电力负荷计算表（见国家建筑标准设计图集《〈人民防空地下室设计规范〉图示（电气专业）》05SFD10 第 3-3 页），应按防护单元分别列出并在最后列总计）。

2. 人防设计中的战时负荷分级中经常遗漏屋顶人防警报室警报器用电、战时通信设备用电（应为一级负荷）；系统图和平面图存在同样问题。

</td></tr>
</table>

问题描述

问题3　人防战时电源的设置不明确

在人防设计说明中，人防内部电源的设置、区域电源的设置及引入的方式、位置描述不清。

相关标准

《人民防空地下室设计规范》

7.2.10　内部电源的发电机组应采用柴油发电机组，严禁采用汽油发电机组。

7.2.11　下列工程应在工程内部设置柴油电站：

1　中心医院、急救医院；

2　救护站、防空专业队工程、人员掩蔽工程、配套工程等防空地下室，建筑面积之和大于5000m^2。

《平战结合人民防空工程设计规范》（北京市地方标准）

7.2.9　内部电源应采用柴油发电机组或蓄电池组。内部电源的连续供电时间不应小于战时隔绝防护时间。

5.2.3　人防工程战时隔绝防护时间，以及隔绝防护时室内CO_2容许体积浓度、O_2体积浓度应符合表5.2.3的规定。

表5.2.3　战时隔绝防护时间及CO_2容许体积浓度、O_2体积浓度

人防工程用途	隔绝防护时间（h）	CO_2容许体积浓度（%）	O_2体积浓度（%）
医疗救护工程、防空专业队队员掩蔽部、一等人员掩蔽所、食品站、生产车间、区域供水站	≥6	≤2.0	≥18.5
二等人员掩蔽所、电站控制室	≥3	≤2.5	≥18.0
物资库等其他配套工程	≥2	≤3.0	—

问题解析

1．在设计图纸中，设有人防内部电源时，在设计说明中应明确内部电源的设置情况：共设置了几个内部柴油电站，是固定电站还是移动电站，设在哪个防护单元；哪些用电设备采用EPS蓄电池作为内部电源，此时应明确内部电源的连续供电时间。

2．当设计图纸中没有设置内部柴油电站时，须设置人防区域电源引入口，在设计说明中应明确区域电源的设置情况，区域电源是如何引入的，并在设计平面图注明引入点所在的层数，同时标明平面轴线号。

问题描述	**问题 4　人防工程战时各级电力负荷的供电方式不明确、不准确** 设计说明中对人防工程战时各级电力负荷的供电要求不明确，与后续图纸内容不相符。
相关标准	**《人民防空地下室设计规范》** 7.2.15　防空地下室战时各级负荷的电源应符合下列要求： 1　战时一级负荷，应有两个独立的电源供电，其中一个独立电源应是该防空地下室的内部电源； 2　战时二级负荷，应引接区域电源，当引接区域电源有困难时，应在防空地下室内设置自备电源； 3　战时三级负荷，引接电力系统电源。 **《平战结合人民防空工程设计规范》（北京市地方标准）** 7.2.11　人防工程战时各级电力负荷的供电应符合下列要求： 1　战时一级负荷，应有两个电源供电，其中一个电源应是该人防工程的内部电源。 2　战时二级负荷，应有两个电源供电，其中一个电源应是区域电源或自备电源。 3　战时三级负荷，应有一个电源供电。
问题解析	应依据人防工程战时用电负荷的供电负荷等级，分别详细说明人防工程的战时各类用电负荷的供电方式。与本工程无关内容不应写入。

问题描述	问题 5　人防设计说明中应重点说明的内容有什么？
相关标准	《人民防空地下室设计规范》 7.2.9　防空地下室内安装的变压器、断路器、电容器等高、低压电器设备，应采用无油、防潮设备。 7.2.10　内部电源的发电机组应采用柴油发电机组，严禁采用汽油发电机组。 7.2.11　下列工程应在工程内部设置柴油电站： 1　中心医院、急救医院； 2　救护站、防空专业队工程、人员掩蔽工程、配套工程等防空地下室，建筑面积之和大于 5000m^2。 7.3.4　防空地下室内的各种动力配电箱、照明箱、控制箱，不得在外墙、临空墙、防护密闭隔墙、密闭隔墙上嵌墙暗装。若必须设置时，应采取挂墙式明装。 《平战结合人民防空工程设计规范》（北京市地方标准） 7.2.9　内部电源应采用柴油发电机组或蓄电池组。内部电源的连续供电时间不应小于战时隔绝防护时间。 7.3.3　每个防护单元应设置人防电源配电柜（箱），人防配电箱（柜）应有明显的标识。 7.3.6　配电箱、照明箱、控制箱等各种电气设备箱（柜），不得在人防工程的外墙、临空墙上嵌墙暗装；在人防工程的防护密闭隔墙、密闭隔墙上嵌墙暗装时，其剩余墙体厚度不得小于 200mm。 《人民防空工程设计防火规范》 8.1.6　消防用电设备、消防配电柜、消防控制箱等应设置有明显标志。
问题解析	应在人防设计说明中明确表示上述条文与设计项目相应的内容，在系统图和平面图也应同样明确表示。与本工程无关内容不应写入。

问题描述

问题 1　与公共建筑节能专篇内容相关的问题

1. 公共建筑的节能设计内容。

2. 公共建筑的电能分项计量要求。

3. 公共建筑照明节能判定表中的数值如何填写。

相关标准

《公共建筑节能设计标准》（北京市地方标准）

6.1.6　电气设计应填写和提交本标准附录 D.4 的判定文件进行节能判断。

6.2.2　变配电所应设置在靠近区域负荷中心的位置。

6.2.5　甲、乙类公共建筑应采用达到 2 级及以上能效等级的节能型变压器，丙类公共建筑宜从 2 级及以上能效等级的节能型变压器引接电源。

6.3.1　照明功率密度 *LPD* 值应满足现行国家标准《建筑照明设计标准》GB 50034 规定的现行值。

6.4.2　公共建筑的电能计量，应具备实施复费率电能管理的条件，并应满足《用能单位能源计量器具配备和管理通则》GB 17167 的规定。

6.4.3　甲类和乙类公共建筑的低压配电系统，应实施分项计量。

《建筑照明设计标准》

3.2.2　照明设计应按下列条件选择光源：

3　灯具安装高度较高的场所，应按使用要求，采用金属卤化物灯、高压钠灯或高频大功率细管直管荧光灯；

5　照明设计不应采用普通照明白炽灯，对电磁干扰有严格要求，且其他光源无法满足的特殊场所除外。

3.3.1　选择的照明灯具、镇流器应通过国家强制性产品认证。

3.3.2　在满足眩光限制和配光要求条件下，应选用效率或效能高的灯具，并不应低于表 3.3.2-1～6 的规定。

3.3.6　镇流器的选择应符合下列规定：

1　荧光灯应配用电子镇流器或节能电感镇流器；

2　对频闪效应有限制的场合，应采用高频电子镇流器；

3　镇流器的谐波、电磁兼容应符合现行国家标准《电磁兼容　限值　谐波电流发射限值（设备每相输入电流≤ 16A）》GB 17625.1 和《电气照明和类似设备的无线电骚扰特性的限值和测量方法》GB 17743 的有关规定；

4　高压钠灯、金属卤化物灯应配用节能电感镇流器；在电压偏差较大的场所，宜配用恒功率镇流器；功率较小者可配用电子镇流器。

4.1.7　设计照度与照度标准值的偏差不应超过 ±10%。

6.2.1　选用的照明光源、镇流器的能效应符合相关能效标准的节能评价值。

6.3.3 办公建筑和其他类型建筑中具有办公用途场所的照明功率密度限值应符合表 6.3.3 的规定。

表 6.3.3 办公建筑和其他类型建筑中具有办公用途场所照明功率密度限值

房间或场所	照度标准值（lx）	照明功率密度限值（W/m²）	
		现行值	目标值
普通办公室	300	≤ 9.0	≤ 8.0
高档办公室、设计室	500	≤ 15.0	≤ 13.5
会议室	300	≤ 9.0	≤ 8.0
服务大厅	300	≤ 11.0	≤ 10.0

6.3.4 商店建筑照明功率密度限值应符合表 6.3.4 的规定。当商店营业厅、高档商店营业厅、专卖店营业厅需装设重点照明时，该营业厅的照明功率密度限值应增加 5W/m²。

表 6.3.4 商店建筑照明功率密度限值

房间或场所	照度标准值（lx）	照明功率密度限值（W/m²）	
		现行值	目标值
一般商店营业厅	300	≤ 10.0	≤ 9.0
高档商店营业厅	500	≤ 16.0	≤ 14.5
一般超市营业厅	300	≤ 11.0	≤ 10.0
高档超市营业厅	500	≤ 17.0	≤ 15.5
专卖店营业厅	300	≤ 11.0	≤ 10.0
仓储超市	300	≤ 11.0	≤ 10.0

6.3.5 旅馆建筑照明功率密度限值应符合表 6.3.5 的规定。

表 6.3.5 旅馆建筑照明功率密度限值

房间或场所	照度标准值（lx）	照明功率密度限值（W/m²）	
		现行值	目标值
客房	—	≤ 7.0	≤ 6.0
中餐厅	200	≤ 9.0	≤ 8.0
西餐厅	150	≤ 6.5	≤ 5.5
多功能厅	300	≤ 13.5	≤ 12.0
客房层走廊	50	≤ 4.0	≤ 3.5
大堂	200	≤ 9.0	≤ 8.0
会议室	300	≤ 9.0	≤ 8.0

6.3.6 医疗建筑照明功率密度限值应符合表 6.3.6 的规定。

表 6.3.6 医疗建筑照明功率密度限值

房间或场所	照度标准值（lx）	照明功率密度限值（W/m²）	
		现行值	目标值
治疗室、诊室	300	≤ 9.0	≤ 8.0
化验室	500	≤ 15.0	≤ 13.5
候诊室、挂号厅	200	≤ 6.5	≤ 5.5
病房	100	≤ 5.0	≤ 4.5
护士站	300	≤ 9.0	≤ 8.0
药房	500	≤ 15.0	≤ 13.5
走廊	100	≤ 4.5	≤ 4.0

6.3.7 教育建筑照明功率密度限值应符合表 6.3.7 的规定。

表 6.3.7 教育建筑照明功率密度限值

房间或场所	照度标准值（lx）	照明功率密度限值（W/m²）	
		现行值	目标值
教室、阅览室	300	≤ 9.0	≤ 8.0
实验室	300	≤ 9.0	≤ 8.0
美术教室	500	≤ 15.0	≤ 13.5
多媒体教室	300	≤ 9.0	≤ 8.0
计算机教室、电子阅览室	500	≤ 15.0	≤ 13.5
学生宿舍	150	≤ 5.0	≤ 4.5

6.3.9 会展建筑照明功率密度限值应符合表 6.3.9 的规定。

表 6.3.9 会展建筑照明功率密度限值

房间或场所	照度标准值（lx）	照明功率密度限值（W/m²）	
		现行值	目标值
会议室、洽谈室	300	≤ 9.0	≤ 8.0
宴会厅、多功能厅	300	≤ 13.5	≤ 12.0
一般展厅	200	≤ 9.0	≤ 8.0
高档展厅	300	≤ 13.5	≤ 12.0

6.3.10 交通建筑照明功率密度限值应符合表 6.3.10 的规定。

表 6.3.10 交通建筑照明功率密度限值

房间或场所		照度标准值（lx）	照明功率密度限值（W/m²）	
			现行值	目标值
候车（机、船）室	普通	150	≤ 7.0	≤ 6.0
	高档	200	≤ 9.0	≤ 8.0
中央大厅、售票大厅		200	≤ 9.0	≤ 8.0
行李认领、到达大厅、出发大厅		200	≤ 9.0	≤ 8.0
地铁站厅	普通	100	≤ 5.0	≤ 4.5
	高档	200	≤ 9.0	≤ 8.0
地铁进出站门厅	普通	150	≤ 6.5	≤ 5.5
	高档	200	≤ 9.0	≤ 8.0

6.3.11 金融建筑照明功率密度限值应符合表 6.3.11 的规定。

表 6.3.11 金融建筑照明功率密度限值

房间或场所	照度标准值（lx）	照明功率密度限值（W/m²）	
		现行值	目标值
营业大厅	200	≤ 9.0	≤ 8.0
交易大厅	300	≤ 13.5	≤ 12.0

6.3.12 工业建筑非爆炸危险场所照明功率密度限值应符合表 6.3.12 的规定。

表 6.3.12 工业建筑非爆炸危险场所照明功率密度限值

房间或场所		照度标准值（lx）	照明功率密度限值（W/m²）	
			现行值	目标值
1 机、电工业				
机械加工	粗加工	200	≤ 7.5	≤ 6.5
	一般加工公差≥ 0.1mm	300	≤ 11.0	≤ 10.0
	精密加工公差< 0.1mm	500	≤ 17.0	≤ 15.0
机电、仪表装配	大件	200	≤ 7.5	≤ 6.5
	一般件	300	≤ 11.0	≤ 10.0
	精密	500	≤ 17.0	≤ 15.0
	特精密	750	≤ 24.0	≤ 22.0
电线、电缆制造		300	≤ 11.0	≤ 10.0
线圈绕制	大线圈	300	≤ 11.0	≤ 10.0
	中等线圈	500	≤ 17.0	≤ 15.0
	精细线圈	750	≤ 24.0	≤ 22.0

相关标准

续表 6.3.12

房间或场所		照度标准值（lx）	照明功率密度限值（W/m²）	
			现行值	目标值
线圈浇注		300	≤ 11.0	≤ 10.0
焊接	一般	200	≤ 7.5	≤ 6.5
	精密	300	≤ 11.0	≤ 10.0
钣金		300	≤ 11.0	≤ 10.0
冲压、剪切		300	≤ 11.0	≤ 10.0
热处理		200	≤ 7.5	≤ 6.5
铸造	熔化、浇铸	200	≤ 9.0	≤ 8.0
	造型	300	≤ 13.0	≤ 12.0
精密铸造的制模、脱壳		500	≤ 17.0	≤ 15.0
锻工		200	≤ 8.0	≤ 7.0
电镀		300	≤ 13.0	≤ 12.0
酸洗、腐蚀、清洗		300	≤ 15.0	≤ 14.0
抛光	一般装饰性	300	≤ 12.0	≤ 11.0
	精细	500	≤ 18.0	≤ 16.0
复合材料加工、铺叠、装饰		500	≤ 17.0	≤ 15.0
机电修理	一般	200	≤ 7.5	≤ 6.5
	精密	300	≤ 11.0	≤ 10.0
2 电子工业				
整机类	整机厂	300	≤ 11.0	≤ 10.0
	装配厂房	300	≤ 11.0	≤ 10.0
元器件类	微电子产品及集成电路	500	≤ 18.0	≤ 16.0
	显示器件	500	≤ 18.0	≤ 16.0
	印制线路板	500	≤ 18.0	≤ 16.0
	光伏组件	300	≤ 11.0	≤ 10.0
	电真空器件、机电组件等	500	≤ 18.0	≤ 16.0
电子材料类	半导体材料	300	≤ 11.0	≤ 10.0
	光纤、光缆	300	≤ 11.0	≤ 10.0
酸、碱、药液及粉配制		300	≤ 13.0	≤ 12.0

6.3.13 公共和工业建筑非爆炸危险场所通用房间或场所照明功率密度限值应符合表 6.3.13 的规定。

表 6.3.13 公共和工业建筑非爆炸危险场所通用房间或场所照明功率密度限值

房间或场所		照度标准值（lx）	照明功率密度限值（W/m²）	
			现行值	目标值
走廊	一般	50	≤ 2.5	≤ 2.0
	高档	100	≤ 4.0	≤ 3.5

相关标准

续表 6.3.13

房间或场所		照度标准值（lx）	照明功率密度限值（W/m²）	
			现行值	目标值
厕所	一般	75	≤ 3.5	≤ 3.0
	高档	150	≤ 6.0	≤ 5.0
试验室	一般	300	≤ 9.0	≤ 8.0
	精细	500	≤ 15.0	≤ 13.5
检验	一般	300	≤ 9.0	≤ 8.0
	精细，有颜色要求	750	≤ 23.0	≤ 21.0
计量室、测量室		500	≤ 15.0	≤ 13.5
控制室	一般控制室	300	≤ 9.0	≤ 8.0
	主控制室	500	≤ 15.0	≤ 13.5
电话站、网络中心、计算机站		500	≤ 15.0	≤ 13.5
动力站	风机房、空调机房	100	≤ 4.0	≤ 3.5
	泵房	100	≤ 4.0	≤ 3.5
	冷冻站	150	≤ 6.0	≤ 5.0
	压缩空气站	150	≤ 6.0	≤ 5.0
	锅炉房、煤气站的操作层	100	≤ 5.0	≤ 4.5
仓库	大件库	50	≤ 2.5	≤ 2.0
	一般件库	100	≤ 4.0	≤ 3.5
	半成品库	150	≤ 6.0	≤ 5.0
	精细件库	200	≤ 7.0	≤ 6.0
公共车库		50	≤ 2.5	≤ 2.0
车辆加油站		100	≤ 5.0	≤ 4.5

6.3.14　当房间或场所的室形指数值等于或小于 1 时，其照明功率密度限值应增加，但增加值不应超过限值的 20%。

6.3.15　当房间或场所的照度标准值提高或降低一级时，其照明功率密度限值应按比例提高或折减。

7.2.7　使用电感镇流器的气体放电灯应在灯具内设置电容补偿，荧光灯功率因数不应低于 0.9，高强气体放电灯功率因数不应低于 0.85。

7.3.2　公共场所应采用集中控制，并按需要采取调光或降低照度的控制措施。

问题解析	1. 公共建筑电气节能设计图纸应提供《公共建筑节能设计标准》(北京市地方标准)附录 D.4.1 电能分项计量仪表分布表。 2. 在节能设计说明中，应提供《公共建筑节能设计标准》(北京市地方标准)附录 D.4.2 照明节能设计判定表，照明节能判定表中数值应满足如下要求： 1)照明节能设计判定表中所注场所位置应与平面图一致，照明节能设计判定表中所注场所灯具数量和安装功率应与平面图及图例一致； 2)表格内的主要场所应按《建筑照明设计标准》中第 6 章中相关场所选取，场所选取应全面，不应只简单选取两三个场所，尤其是表 6.3.13 中公共通用场所如走道、卫生间、库房、水泵房、风机房容易有缺失；同一建筑中，相同功能的房间，可以找一个条件最差的房间进行计算。 3)照明功率密度计算应采用净面积。 4)照明功率密度 LPD 计算值不应超过现行国家标准《建筑照明设计标准》规定的现行值。 5)计算照度值与照度标准值的偏差不应超过 ±10%，设计人员经常忽略此点，会出现计算值远远大于标准值 10% 的情况。 6)室形指数修正系数的选取由室形指数值确定。室形指数值等于或小于 1 时，可执行《建筑照明设计标准》第 6.3.14 条要求，将照明功率密度限值增加，但增加值不应超过限值的 20%，即将 LPD 标准值 ×1.2 倍。 3. LED 灯与荧光灯具有效能值和效率值的区别，LED 灯采用的是效能值(单位为 lm/W)，其他灯具采用的是效率值(%)。 4. 因国家淘汰白炽灯政策，通常在施工图设计中，不应该出现白炽灯。 (编者注：电能分项计量仪表分布表和照明节能设计判定表)

问题描述

问题 2 与居住建筑节能专篇内容相关的问题

1. 居住建筑的节能设计内容有什么？

2. 集体宿舍、托儿所、幼儿园、公寓等节能设计执行哪些规范？

3. 居住建筑照明节能判定表中的数值如何填写。

相关标准

《居住建筑节能设计标准》（北京市地方标准）

1.0.2 本标准适用于北京地区新建、改建和扩建居住建筑的下列情况：

1 住宅、集体宿舍、托儿所、幼儿园、公寓等居住建筑的节能设计；

2 住宅小区和以住宅为主的建筑群的暖通空调、给排水、电气系统的节能设计。

6.1.3 住宅小区变电所应选用 D, yn11 结线的低损耗节能型电力变压器，并应达到现行国家标准《三相配电变压器能效限定值及能效等级》GB 20052 规定的能效等级 2 级及以上的要求。

6.2.1 居住小区道路及居住建筑内公共场所光源、灯具及附件的照明系统设计应采用高效节能照明装置，并采取节能自动控制措施。

6.2.2 居住建筑的照明功率密度限值应满足现行国家标准《建筑照明设计标准》GB 50034 中规定的目标值。

6.2.6 设置太阳能光伏组件的居住建筑应符合下列规定：

1 太阳能光伏组件的光电转化效率不宜低于 18%；

2 宜采用自发自用余电上网系统；

3 光伏发电系统可采用直流变换器接入公共区域的照明直流负载系统；

4 应分析用电负荷规律，合理设置储能装置。

6.3.3 居住建筑电能表的设置应符合下列规定：

1 居住建筑电源侧应设置电能表；

2 每套住宅套外应设置电能计量装置；

3 公用设施应设置用于能源管理的电能表；

4 可再生能源发电应设置独立计量装置，并应符合现行国家标准《光伏发电接入配电网设计规范》GB/T 50865 的规定。

6.3.4 住宅应设置热计量采集和远传系统，并应符合现行地方标准《供热计量设计技术规程》DB 11/1066 的规定。

《建筑照明设计标准》

3.2.2 照明设计应按下列条件选择光源：

3 灯具安装高度较高的场所，应按使用要求，采用金属卤化物灯、高压钠灯或高频大功率细管直管荧光灯；

5 照明设计不应采用普通照明白炽灯，对电磁干扰有严格要求，且其他光源无法满足的特殊场所除外。

3.3.1 选择的照明灯具、镇流器应通过国家强制性产品认证。

3.3.2 在满足眩光限制和配光要求条件下，应选用效率或效能高的灯具，并不应低于表 3.3.2-1～6 的规定。

3.3.6　镇流器的选择应符合下列规定：

1　荧光灯应配用电子镇流器或节能电感镇流器；

2　对频闪效应有限制的场所，应采用高频电子镇流器；

3　镇流器的谐波、电磁兼容应符合现行国家标准《电磁兼容　限值　谐波电流发射限值（设备每相输入电流≤ 16A）》GB 17625.1 和《电气照明和类似设备的无线电骚扰特性的限值和测量方法》GB 17743 的有关规定；

4　高压钠灯、金属卤化物灯应配用节能电感镇流器；在电压偏差较大的场所，宜配用恒功率镇流器；功率较小者可配用电子镇流器。

4.1.7　设计照度与照度标准值的偏差不应超过 ±10%。

6.2.1　选用的照明光源、镇流器的能效应符合相关能效标准的节能评价值。

6.3.1　住宅建筑每户照明功率密度限值宜符合表 6.3.1 的规定。

表 6.3.1　住宅建筑每户照明功率密度限值

房屋或场所	照度标准值（lx）	照明功率密度限值（W/m^2）	
		现行值	目标值
起居室	100	≤ 6.0	≤ 5.0
卧室	75		
餐厅	150		
厨房	100		
卫生间	100		
职工宿舍	100	≤ 4.0	≤ 3.5
车库	30	≤ 2.0	≤ 1.8

6.3.14　当房间或场所的室形指数值等于或小于 1 时，其照明功率密度限值应增加，但增加值不应超过限值的 20%。

6.3.15　当房间或场所的照度标准值提高或降低一级时，其照明功率密度限值应按比例提高或折减。

7.2.7　使用电感镇流器的气体放电灯应在灯具内设置电容补偿，荧光灯功率因数不应低于 0.9，高强气体放电灯功率因数不应低于 0.85。

7.3.2　公共场所应采用集中控制，并按需要采取调光或降低照度的控制措施。

相关标准

问题解析	1. 住宅、集体宿舍、托儿所、幼儿园、公寓等居住建筑的节能设计应执行《居住建筑节能设计标准》(北京市地方标准)。 2.《居住建筑节能设计标准》(北京市地方标准)中没有表格的标准格式，居住建筑公共部分的照明节能判定表可采用《公共建筑节能设计标准》(北京市地方标准)附录 D.4.2 照明节能设计判定表的格式。住宅建筑应将《建筑照明设计标准》表 6.3.1 中住宅户内的照明节能要求，列入设计说明中。 3. 照明节能判定表中数值应满足如下要求： 1）照明节能设计判定表中，所注场所位置应与平面图一致；照明节能设计判定表中，所注场所灯具数量和安装功率应与平面图及图例一致； 2）表格内的主要场所应按《建筑照明设计标准》中第 6 章中相关场所选取，场所选取应全面，不应只简单选取两、三个场所，尤其是表 6.3.13 中公共通用场所如：走道、卫生间、库房、水泵房、风机房容易有缺失；同一建筑中相同功能的房间，可以找一个条件最差的房间进行计算。 3）照明功率密度计算应采用净面积 。 照明功率密度 *LPD* 计算值不应超过现行国家标准《建筑照明设计标准》规定的现行值。(现行值见本书 P54 相关标准中的表格) 4）照度计算值与照度标准值的偏差不应超过 ±10%，设计人员经常忽略此点，会出现计算值远远大于标准值 10% 的情况。 5）室形指数修正系数的选取由室形指数值确定。室形指数值等于或小于 1 时，可执行《建筑照明设计标准》第 6.3.14 条要求，将照明功率密度限值增加，但增加值不应超过限值的 20%，即将 LPD 标准值 ×1.2 倍。 4. LED 灯与荧光灯具有效能值和效率值的区别，LED 灯采用的是效能值（单位为 lm/W），其他灯具采用的是效率值（%）。 5. 因国家淘汰白炽灯政策，通常在施工图设计中，不应该出现白炽灯。 编者注：《三相配电变压器能效限定值及能效等级》GB 20052—2013 已由《电力变压器能效限定值及能效等级》GB 20052—2020 替代。

问题描述	**问题 3　设计人员遗漏供热计量装置数据远传内容** 北京市对民用建筑供热计量远传设计有专项的设计要求。
相关标准	**《北京市民用建筑节能管理办法》北京市人民政府令〔第 256 号〕** 第十八条　新建民用建筑应当按标准和规定安装能耗计量设施，大型公共建筑应当安装能耗分项计量设施。新建民用建筑安装供热计量与温控装置应当符合下列要求： （三）供热计量装置达到数据远传通讯功能； （四）建筑物室内分户安装采暖温度采集远传装置。
问题解析	按《北京市民用建筑节能管理办法》第十八条第（三）项和第（四）项要求：采用集中供暖的新建民用建筑（包括公共建筑和居住建筑）均应安装供热计量装置数据远传通信装置，分户室内均应安装采暖温度采集远传装置，设计说明中应包含此系统的说明，系统图和平面图应有相应设计。

第二章　设计说明中常见的问题	第十二节　图例

<table>
<tr><td>问题描述</td><td>问题 1　未明确紫外线杀菌灯开关设置要求
在施工图设计中，经常出现紫外线杀菌灯开关在图例中没有任何表示，与普通灯具开关完全相同的情况。</td></tr>
<tr><td>相关标准</td><td>《托儿所、幼儿园建筑设计规范》
6.3.3　托儿所、幼儿园的紫外线杀菌灯的控制装置应单独设置，并应采取防误开措施。</td></tr>
<tr><td>问题解析</td><td>1. 在托儿所、幼儿园施工图设计图例中，紫外线杀菌灯开关应与普通灯具开关有明显区别（不并排安装，安装高度有区别），应注明采取的防误开措施。
2. 医院、老年人照料设施及餐饮设施等工程的紫外线杀菌灯开关的图例，应与建筑物内其他普通灯具开关有明显区别，可参照上面规范条文内容标注。</td></tr>
</table>

问题描述

问题 2　未表示插座的保护方式

在施工图设计中插座图例没有附注，没有标注安装高度等。

相关标准

《住宅建筑规范》

8.5.5　住宅套内的电源插座与照明，应分路配电。安装在 1.8m 及以下的插座均应采用安全型插座。

《住宅设计规范》

8.7.4　套内安装在 1.80m 及以下的插座均应采用安全型插座。

《教育建筑电气设计规范》

5.2.4　中小学、幼儿园的电源插座必须采用安全型。幼儿活动场所电源插座底边距地不应低于 1.8m。

《通用用电设备配电设计规范》

8.0.6　插座的形式和安装要求应符合下列规定：

6　在住宅和儿童专用活动场所应采用带保护门的插座。

《老年人照料设施建筑设计标准》

7.3.7　电源插座应采用安全型电源插座。

《托儿所、幼儿园建筑设计规范》

6.3.5　托儿所、幼儿园的房间内应设置插座，且位置和数量根据需要确定。活动室插座不应少于四组，寝室插座不应少于两组。插座应采用安全型，安装高度不应低于 1.80m。插座回路与照明回路应分开设置，插座回路应设置剩余电流动作保护，其额定动作电流不应大于 30mA。

问题解析

在图例（及订货要求）中，对插座均应注明采用安全型。

问题描述	**问题 3 特殊场所插座安装高度有误** 在图例中，特殊场所的插座安装高度没有表示或高度有误。
相关标准	**《教育建筑电气设计规范》** 5.2.4 中小学、幼儿园的电源插座必须采用安全型。幼儿活动场所电源插座底边距地不应低于1.8m。 **《托儿所、幼儿园建筑设计规范》** 6.3.5 托儿所、幼儿园的房间内应设置插座，且位置和数量根据需要确定。活动室插座不应少于四组，寝室插座不应少于两组。插座应采用安全型，安装高度不应低于1.80m。插座回路与照明回路应分开设置，插座回路应设置剩余电流动作保护，其额定动作电流不应大于30mA。 6.3.6 幼儿活动场所不宜安装配电箱、控制箱等电气装置；当不能避免时，应采取安全措施，装置底部距地面高度不得低于1.80m。 **《民用建筑电气设计标准》** 12.10.5 在装有浴盆或淋浴器的房间，0 区用电设备应满足下列全部要求： 1 采用固定永久性连接用电设备； 2 采用额定电压不超过交流 12V 或直流 30V 的 SELV 保护措施； 3 符合相关的产品标准，而且采用生产厂商使用安装说明中所适用的用电设备。 12.10.6 在装有浴盆或淋浴器的房间，在 1 区只能采用固定永久性连接用电设备，并且采用生产厂商使用安装说明中所适用的用电设备。 12.10.7 在装有浴盆或淋浴器的房间，0 区内不应装设开关设备、控制设备和附件。 12.10.8 在装有浴盆或淋浴器的房间，1 区内开关设备、控制设备和附件安装应满足下列要求： 1 按本标准第 12.10.5 条和第 12.10.6 条规定，允许在 0 区和 1 区采用用电设备的电源回路所用接线盒和附件； 2 可装设标称电压不超过交流 25V 或直流 60V 的 SELV 或 PELV 作保护措施的回路的附件，其供电电源应设置在 0 区或 1 区以外。 12.10.9 在装有浴盆或淋浴器的房间，2 区内开关设备、控制设备和附件安装应满足下列要求： 1 插座以外的附件； 2 SELV 或 PELV 保护回路的附件，供电电源应设置在 0 区或 1 区以外； 3 剃须刀电源器件； 4 采用 SELV 或 PELV 保护电源插座、用于信号和通信设备的附件。
问题解析	1. 图例中在幼儿活动场所安装的电源插座应注明底边距地不低于 1.80m。 2. 图例中浴室内、带淋浴卫生间内等处安装的电热水器电源插座，宜注明底边距地 2.3m（《民用建筑电气设计标准》附录 C 中 1 区、2 区的最高点为 2.25m）。 3. 0 区、1 区内不应设置插座、2 区内不应设置采用 SELV 或 PELV 保护电源插座以外的插座。

问题描述	**问题 4　无障碍救助呼叫按钮安装高度不正确** 图例中没有表示无障碍按钮安装高度或无障碍按钮安装高度有误。
相关标准	**《无障碍设计规范》** 3.9.3　无障碍厕所的无障碍设计应符合下列规定： 10　在坐便器旁的墙面上应设高 400mm～500mm 的救助呼叫按钮。 3.11.5　无障碍客房的其他规定： 3　客房及卫生间应设高 400mm～500mm 的救助呼叫按钮。
问题解析	1. 图例中的无障碍按钮应注明安装高度，应明确无障碍按钮底边距离地面为 0.4m 或底边距离地面为 0.5m。不应不注明安装高度，也不应注明安装高度为 0.4m～0.5m。 2. 在老年人照料设施、医院等有行动不便人员长时间停留的区域，可参照相应规范的条文内容标注。

问题描述	**问题 1　设计人员不应选用淘汰产品** 在图例、设备材料表中所列内容不应有国家、地方或行业明令禁止使用的淘汰产品，设计说明、系统图、平面图中涉及的相关内容不应有国家、地方或行业明令禁止使用的淘汰产品。
相关标准	北京市有关文件（京建发〔2019〕149 号）《关于发布〈北京市禁止使用建筑材料目录（2018 年版）〉的通知》 四、市规划自然资源委负责对各施工图设计文件审查机构的监管。各审查机构应将 2018 年版目录作为施工图设计文件审查内容之一。
问题解析	《北京市禁止使用建筑材料目录（2018 年版）》禁止使用的建筑材料中，与电气专业有关的是照明材料，包括：卤素灯、卤粉荧光灯、荧光灯类一般型电感镇流器、白炽灯。 设计说明、系统图、平面图中采用的光源及灯具附件不应出现上述产品。

问题描述	**问题 2　没有抗震设计或抗震设计不完整** 设计说明中未明确电气设施抗震要求，在设计依据中未写明《建筑机电工程抗震设计规范》等相关内容。
相关标准	**《建筑机电工程抗震设计规范》** 1.0.4　抗震设防烈度为 6 度及 6 度以上地区的建筑机电工程必须进行抗震设计。 7.4.6　设在建筑物屋顶上的共用天线应采取防止因地震导致设备或其部件损坏后坠落伤人的安全防护措施。 国家建筑标准设计图集《建筑电气设施抗震安装》16D707-1。
问题解析	1. 在设计依据中，应写明《建筑机电工程抗震设计规范》等相关内容。 2. 在设计说明中，应明确电气设备、管线、桥架等的抗震要求。

问题描述

问题 3 在有装配式建筑工程的施工图设计中，装配式建筑内容不明确

建筑物为装配式建筑，在工程概况中未说明本建筑是否是装配式建筑；在设计说明中未明确针对装配式建筑中电气设施的具体要求，平面图也未注明相应要求。

相关标准

《建筑工程设计文件编制深度规定（2016 年版）》

4.5.14 当采用装配式建筑技术设计时，应明确装配式建筑设计电气专项内容：

1）明确装配式建筑电气设备的设计原则及依据。

2）对预埋在建筑预制墙及现浇墙内的电气预埋箱、盒、孔洞、沟槽及管线等要有做法标注及详细定位。

3）预埋管、线、盒及预留孔洞、沟槽及电气构件间的连接做法。

4）墙内预留电气设备时的隔声及防火措施；设备管线穿过预制构件部位采取相应的防水、防火、隔声、保温等措施。

5）采用预制结构柱内钢筋作为防雷引下线时，应绘制预制结构柱内防雷引下线间连接大样，标注所采用防雷引下线钢筋、连接件规格以及详细做法。

《建筑设计防火规范》

6.2.9 建筑内的电梯井等竖井应符合下列规定：

3 建筑内的电缆井、管道井应在每层楼板处采用不低于楼板耐火极限的不燃材料或防火封堵材料封堵。

建筑内的电缆井、管道井与房间、走道等相连通的孔隙应采用防火封堵材料封堵。

《住宅建筑规范》

7.1.4 水、暖、电、气管线穿过楼板和墙体时，孔洞周边应采取密封隔声措施。

<table>
<tr><td>相关标准</td><td>

《建筑物防雷设计规范》

4.3.5 利用建筑物的钢筋作为防雷装置时，应符合下列规定：

6 构件内有箍筋连接的钢筋或成网状的钢筋，其箍筋与钢筋、钢筋与钢筋应采用土建施工的绑扎法、螺丝、对焊或搭焊连接。单根钢筋、圆钢或外引预埋连接板、线与构件内钢筋焊接或采用螺栓紧固的卡夹器连接。构件之间必须连接成电气通路。

《装配式混凝土建筑技术标准》

7.4.2 装配式混凝土建筑的电气和智能化设备与管线设置及安装应符合下列规定：

4 设置在预制构件上的接线盒、连接管等应做预留，出线口和接线盒应准确定位；

5 不应在预制构件受力部位和节点连接区域设置孔洞及接线盒，隔墙两侧的电气和智能化设备不应直接连通设置。

</td></tr>
<tr><td>问题解析</td><td>

1. 在设计说明中，应按《建筑工程设计文件编制深度规定（2016 年版）》第 4.5.14 条要求，明确装配式建筑设计电气专项内容。

2. 在设计平面图中，应满足《建筑工程设计文件编制深度规定（2016 年版）》第 4.5.14 条装配式建筑电气设计深度要求，并满足上述各强制条文的要求。

3. 在预制内墙板、外墙板的门窗过梁钢筋锚固区内，不应埋设电气接线盒。

4. 隔墙两侧的电气和智能化设备不应连通设置。

</td></tr>
</table>

问题描述	**问题 4　设计说明中的内容与其他图纸中的内容不一致** 在施工图整体设计中，特别是项目大、内容多的项目，整套施工图设计不连贯，不一致，前后不对应。
相关标准	略
问题解析	1. 设计内容前后应一致。 2. 设计说明与系统图、平面图中采用规范、标准的名称、编号、版本应一致。 3. 设计说明与系统图、平面图中采用的配电系统应一致。 4. 设计说明与系统图、平面图中采用的电气设备规格、型号、图例应一致。 5. 设计说明与系统图、平面图中采用的电缆电线类型、规格应一致。 6. 设计说明与平面图中的照明照度值、功率密度值应一致。 7. 设计说明与系统图、平面图中采用的应急电源、备用电源的工作时间、电压等级及电源型式应一致。 8. 设计说明与平面图中采用的防雷等级、接地电阻阻值应一致。 9. 已经在后续图纸中表达明确、清晰的内容，不一定必须在设计说明中有交代。

问题描述

问题 1　系统图基本要求常见问题

1. 系统图中开关、断路器技术参数不清晰，未标注整定值。

2. 系统图中母线、电缆、电线规格型号参数不清晰，线芯根数有误。

3. 系统图中箱号不明，未注明进出线编号，未注明出线回路负荷名称、功能、容量、电压等级。

相关标准

《建筑工程设计文件编制深度规定（2016 年版）》

4.5.6　变、配电站设计图。

1　高、低压配电系统图（一次线路图）。

图中应标明变压器、发电机的型号、规格；母线的型号、规格；标明开关、断路器、互感器、继电器、电工仪表（包括计量仪表）等的型号、规格、整定值（此部分也可标注在图中表格中）。

图下方表格标注：开关柜编号、开关柜型号、回路编号、设备容量、计算电流、导体型号及规格、敷设方法、用户名称、二次原理图方案号，（当选用分隔式开关柜时，可增加小室高度或模数等相应栏目）。

4　配电干线系统图。

以建筑物、构筑物为单位，自电源点开始至终端配电箱止，按设备所处相应楼层绘制，应包括变、配电站变压器编号、容量、发电机编号、容量、各处终端配电箱编号、容量，自电源点引出回路编号。

4.5.7　配电、照明设计图。

1　配电箱（或控制箱）系统图，应标注配电箱编号、型号，进线回路编号；标注各元器件型号、规格、整定值；配出回路编号、导线型号规格、负荷名称等，（对于单相负荷应标明相别），对有控制要求的回路应提供控制原理图或控制要求；当数量较少时，上述配电箱（或控制箱）系统内容在平面图上标注完整的，可不单独出配电箱（或控制箱）系统图。

问题解析

1. 高、低压配电系统图（一次线路图）。

图 1 中应标明变压器、发电机的型号、规格，母线的型号、规格，标明开关、断路器、互感器、继电器、电工仪表（包括计量仪表）等的型号、规格、整定值（此部分也可标注在图中表格中）。应按《建筑工程设计文件编制深度规定（2016 年版）》的具体要求绘制平面图。

柜内主要电器元件		
	真空断路器（手车式）	V_{max}/L-630A　31.5kA
	操作机构（配套）	DC220V
	隔离插头	630A
	高压熔断器	XRNP-12/1A
	电流互感器	LZJC-10　0.2S级
		LZZBJ10-10　0.5级
	电压互感器	JDZ10-10/0.1kV　0.2级
		JDZ10-10/0.1kV　0.5级
	接地开关	ST1-UG
	带电显示器	GSN1-10/T
	避雷器	HY5WZ2-17/43.5
	转换开关	LW12-16/9.6912.3
	电压表	42L6-V-0～15kV、0.1kV
	电流表	42L6-A-
	零序电流互感器	K_H-11 100/5A 10P5
	多功能计量表（供电局提供）	
	三相失压仪　电能采集器	

（*a*）表格说明

图 1　高压配电系统图（一）

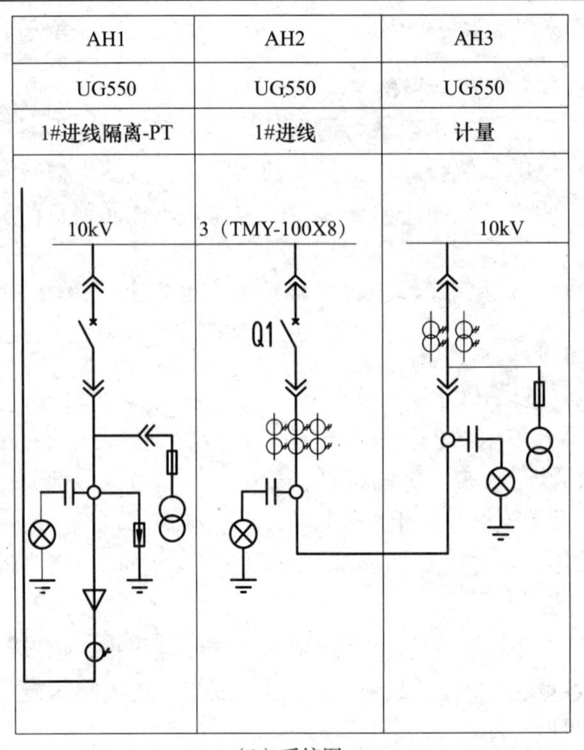

（*b*）系统图

图 1　高压配电系统图（二）

问题解析

图 1 中表格应标注：开关柜编号、开关柜型号、回路编号、设备容量、计算电流、导体型号及规格、敷设方法、用户名称、二次原理图方案号（当选用分隔式开关柜时，可增加小室高度或模数等相应栏目）。

2. 配电箱系统图（图 2）。

1）应注明电源或信号来源，注明电气箱（柜）编号、型号。

2）应有开关、元器件、线路的规格、型号、整定值。

3）应注明各回路编号及相应负荷名称和容量。

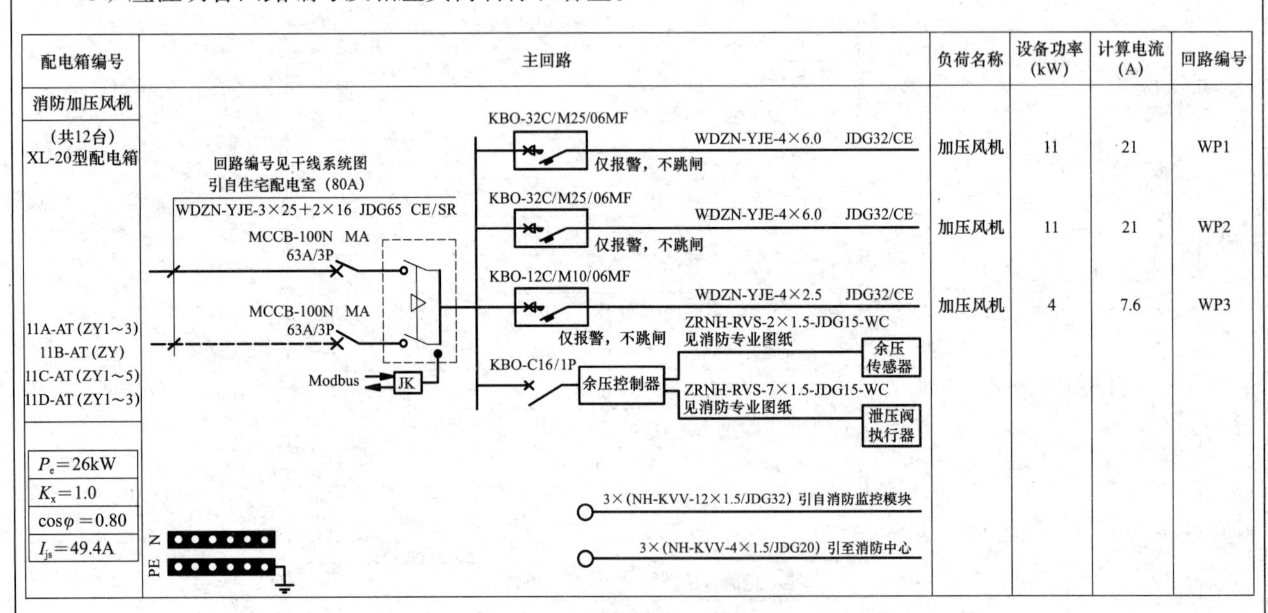

图 2　配电箱系统图

<table>
<tr><td>问题描述</td><td>问题 1　线缆载流量选择的环境依据有误
建筑电气施工图中确定电线电缆载流量的设计依据是什么？</td></tr>
<tr><td>相关标准</td><td>国家建筑标准设计图集《建筑电气常用数据》。</td></tr>
<tr><td>问题解析</td><td>1. 国家建筑标准设计图集《建筑电气常用数据》根据我国地理气候条件，对空气中敷设的电线电缆给出了不同环境温度下的载流量；对土壤中敷设的电缆给出了不同土壤热阻系数下的载流量。国家建筑标准设计图集所列载流量值，空气中敷设是以空气环境温度为基准，埋地敷设是以土壤环境温度为基准，并给出了其他情况下的电线电缆载流量校正系数。
2.《北京市建筑工程施工图设计文件技术审查要点（2018 年版）》第 6.8 条“线缆载流量依据”。
审查建筑电气施工图，电线、电缆载流量的依据，暂依照国家建筑标准设计图集《建筑电气常用数据》中所列的电线、电缆载流量及修正系数的有关数据。
不同敷设条件下推荐华北地区环境温度：
室外布线：空气中、电缆沟及隧道内敷设：＋ 40℃。
室内配线：＋ 30～35℃。
吊顶、电缆竖井、电缆槽盒、托盘内或梯架上布线：＋ 35℃。
电缆在土壤中直埋：＋ 25℃。
在工程设计中，当未能明确土壤类型及地理位置时，华北地区的一般土壤热阻系数可取 $\rho_T =$ 1.5m · K/W，地下温度取 25℃。
3. 设计人员应根据工程所在地域的环境气象数据，合理选定电线电缆载流量的修正系数。
4. 设计人员应根据工程中线缆实际敷设的情况，合理选定电线电缆载流量的修正系数。例如：有敷设在隔热墙内的导管中、敷设在明敷的导管中、敷设在空气中、敷设在土壤中的情况，有多根线缆敷设在同一导管中的情况，有多根线缆有间距、无间距排列敷设的情况。</td></tr>
</table>

问题描述

问题 2 多回路配电线路的保护存在问题

1. 断路器如何保护配电线路?

2. 如何保护双速风机、星三角启动等多绕组回路线路?

相关标准

《低压配电设计规范》

6.1.1 配电线路应装设短路保护和过负荷保护。

6.2.1 配电线路的短路保护电器，应在短路电流对导体和连接处产生的热作用和机械作用造成危害之前切断电源。

6.2.4 当短路保护电器为断路器时，被保护线路末端的短路电流不应小于断路器瞬时或短延时过电流脱扣器整定电流的 1.3 倍。

6.3.1 配电线路的过负荷保护，应在过负荷电流引起的导体温升对导体的绝缘、接头、端子或导体周围的物质造成损害之前切断电源。

6.3.3 过负荷保护电器的动作特性，应符合下列公式的要求：

$$I_B \leqslant I_n \leqslant I_Z \quad (6.3.3\text{-}1)$$

$$I_2 \leqslant 1.45 I_Z \quad (6.3.3\text{-}2)$$

式中：I_B——回路计算电流（A）；

I_n——熔断器熔体额定电流或断路器额定电流或整定电流（A）；

I_Z——导体允许持续载流量（A）；

I_2——保证保护电器可靠动作的电流（A）。当保护电器为断路器时，I_2 为约定时间内的约定动作电流；当为熔断器时，I_2 为约定时间内的约定熔断电流。

6.3.6 过负荷断电将引起严重后果的线路，其过负荷保护不应切断线路，可作用于信号。

《火灾自动报警系统设计规范》

3.1.8 水泵控制柜、风机控制柜等消防电气控制装置不应采用变频启动方式。

《消防给水及消火栓系统技术规范》

11.0.14 火灾时消防水泵应工频运行，消防水泵应工频直接启泵；当功率较大时，宜采用星三角和自耦降压变压器启动，不宜采用有源器件启动。

《民用建筑电气设计标准》

9.2.24 电动机的其他保护电器或启动装置的选择应符合下列规定：

2 民用建筑中，除消防设备外，大功率的水泵、风机宜采用软启动装置。

13.7.6 消防水泵、防烟风机和排烟风机不得采用变频调速器控制。

问题解析

双速排烟风机两个配电回路线缆截面选择，可按照两个配电回路保护断路器的设置分为两种情况：

1. 采用同一个断路器保护两个回路时，两个回路线缆截面均应按照此断路器整定值确定。

2. 采用两个断路器分别保护两个回路时，两个回路线缆截面可按照各自断路器整定值确定。

例 1：如图 1 所示的双速排烟风机配电回路为第一种情况。

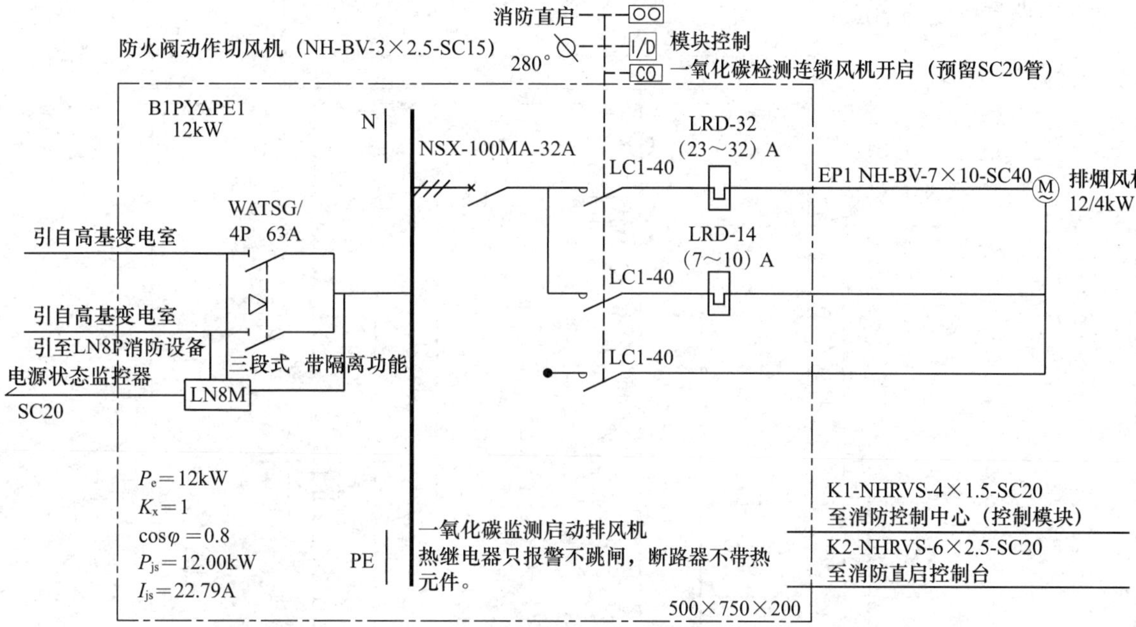

问题解析

图 1　双速排烟风机配电箱系统图（1）

例 2：如图 2 所示的双速排烟风机配电回路为第二种情况。

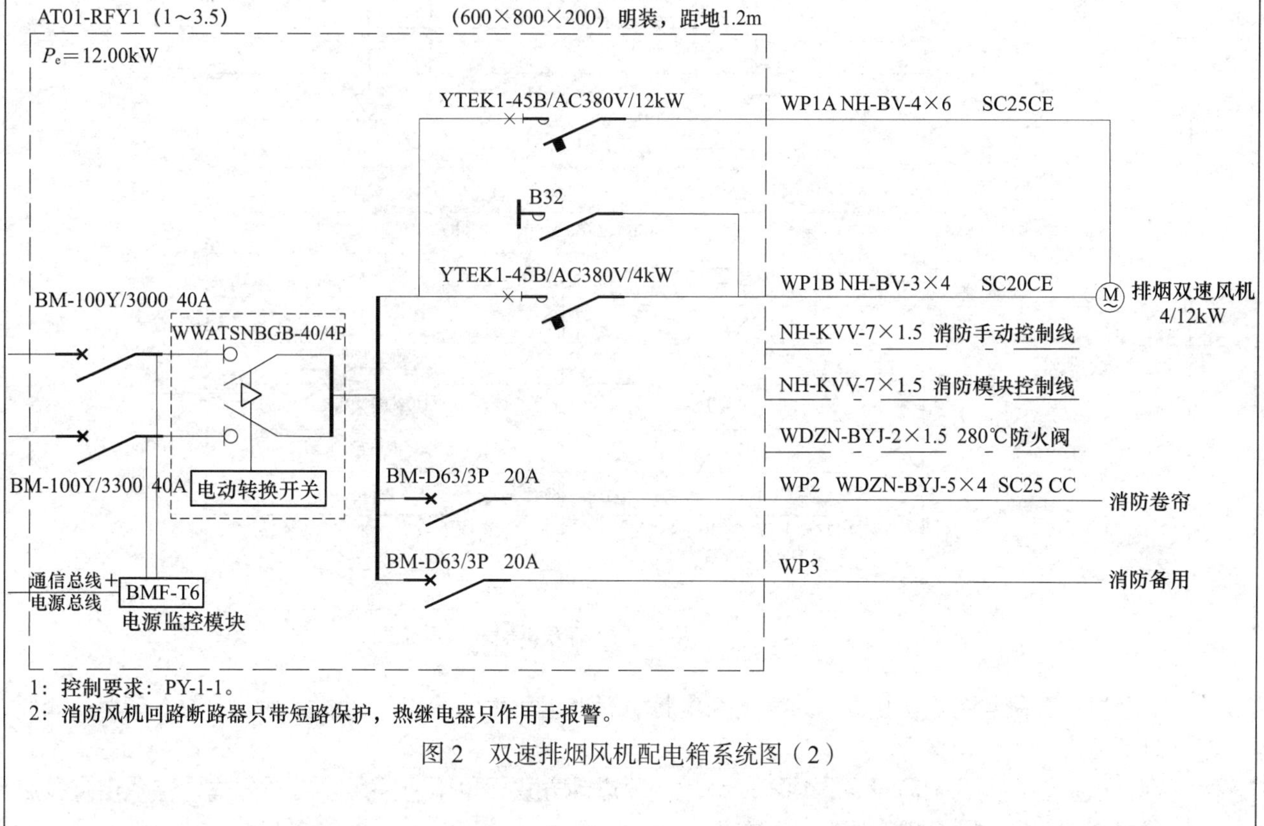

图 2　双速排烟风机配电箱系统图（2）

问题解析

例 3：如图 3 所示的自动喷水泵配电回路，采用了星三角启动方式的配电线路，线缆截面均按本回路断路器整定值确定。

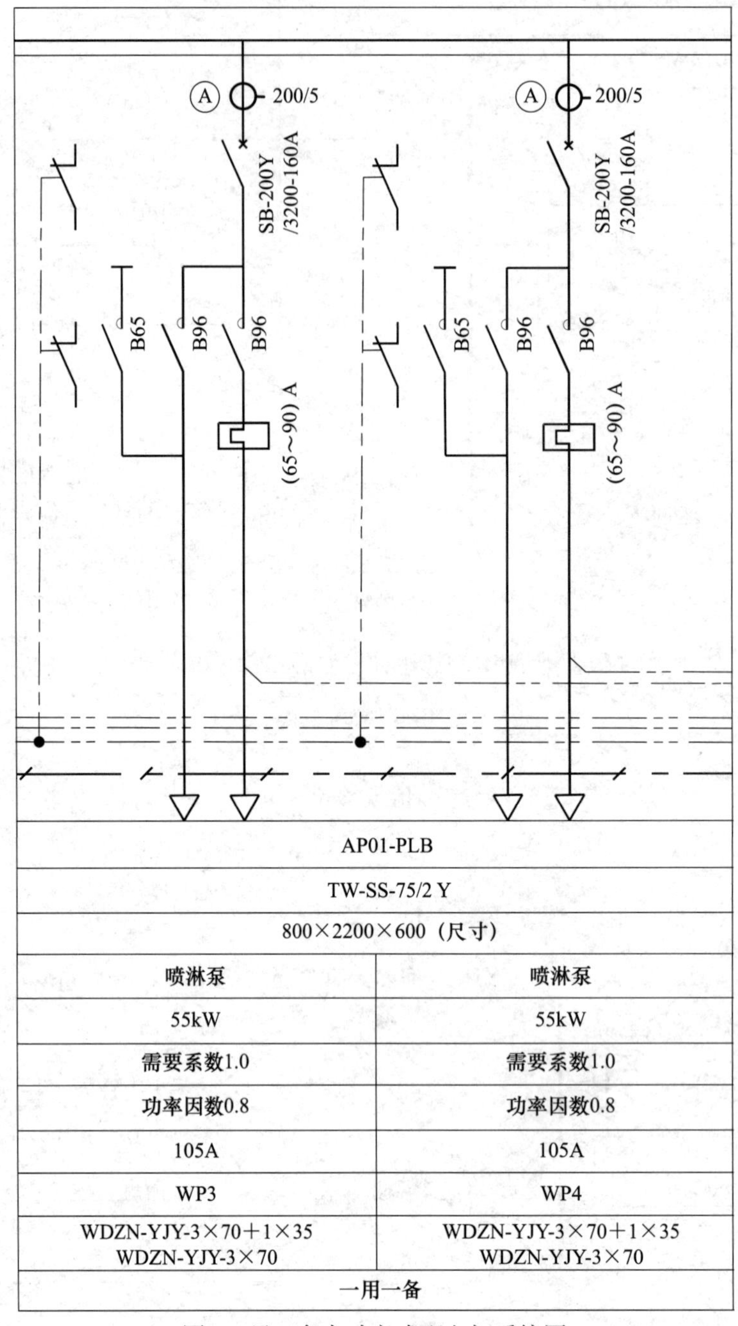

图 3　星三角启动方式配电柜系统图

以上各例均为消防设备，过负荷断电将引起严重后果的线路，其过负荷保护均不应切断线路，各过负荷应只动作于报警。

以上各例均为消防设备，均不应采用变频启动方式，也不应采用软启动方式，应采用直接启动方式或星三角启动及自耦变压器启动方式。

问题描述

问题 3　配电线路规格改变导致保护开关设定可能出现问题

1. 导体截面改变（变小）应采取何种保护措施，如何认定保护措施是否有效？

2. 何种情况下不能改变（变小）导体截面？

相关标准

《低压配电设计规范》

6.2.5　短路保护电器应装设在回路首端和回路导体载流量减小的地方。当不能设置在回路导体载流量减小的地方时，应采用下列措施：

1　短路保护电器至回路导体载流量减小处的这一段线路长度，不应超过 3m；

2　应采取将该段线路的短路危险减至最小的措施；

3　该段线路不应靠近可燃物。

6.3.4　过负荷保护电器，应装设在回路首端或导体载流量减小处。当过负荷保护电器与回路导体载流量减小处之间的这一段线路没有引出分支线路或插座回路，且符合下列条件之一时，过负荷保护电器可在该段回路任意处装设：

1　过负荷保护电器与回路导体载流量减小处的距离不超过 3m，该段线路采取了防止机械损伤等保护措施，且不靠近可燃物。

2　该段线路的短路保护符合本规范第 6.2 节的规定。

问题解析

1. 施工图设计中，竖向配电系统为树干式配电，干线采用 T 接端子或预分支电缆的情况较为常见，而且以住宅项目为主，如图 1 和图 2 所示的竖向配电干线。对照右下角电表箱系统图，可以看出电缆经过 T 接端子后减小了截面，应按《低压配电设计规范》第 6.2.5 条或第 6.3.4 条采取措施，其中，保护电器至回路导体载流量减小处的这一段线路长度，不应超过 3m。

图 1 为住宅项目树干式配电干线中采用 T 接端子的情况。

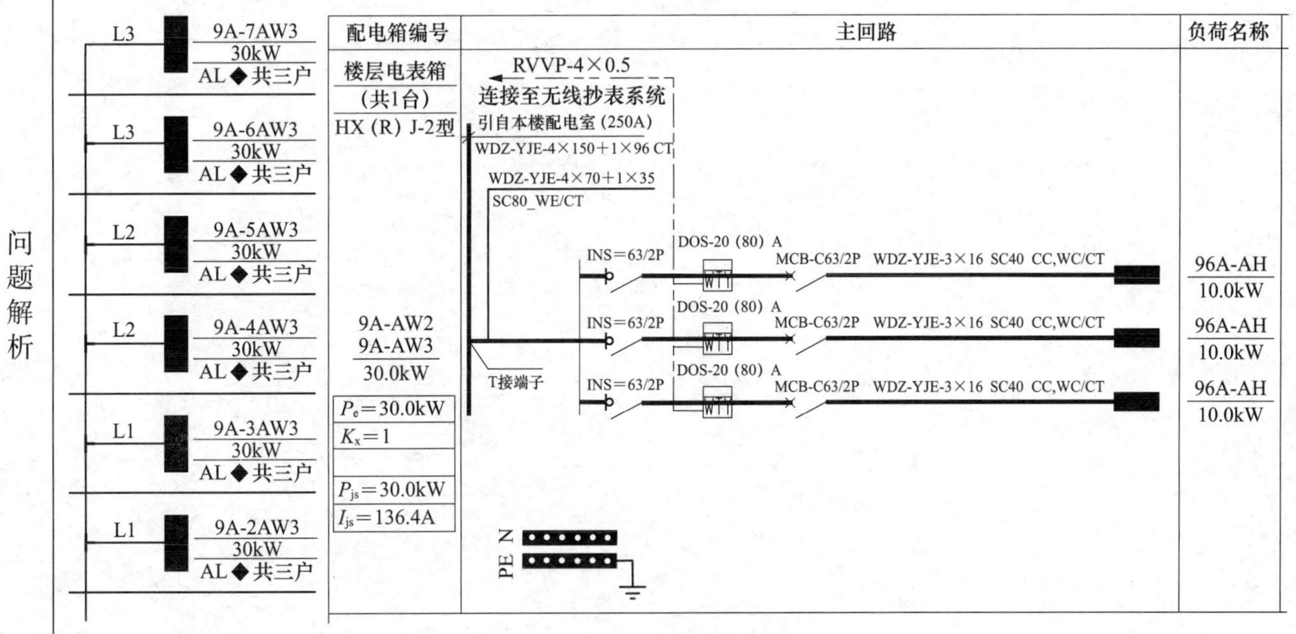

图 1　配电干线系统图（1）

如图 1 所示的电表箱配电干线系统图中，各户配电箱配电回路均设置了断路器保护，但该断路器位于隔离开关和电表箱之后，无法实现导体载流量减小处的保护功能，不应减小电缆截面。对于住宅项目，北京市供电部门不允许在电表箱前设置开关，以防不当取电，因此，在住宅项目树干式干线中采用 T 接端子时，电缆截面应保持不变。

图 2 为非住宅项目树干式配电干线中采用 T 接端子的情况。

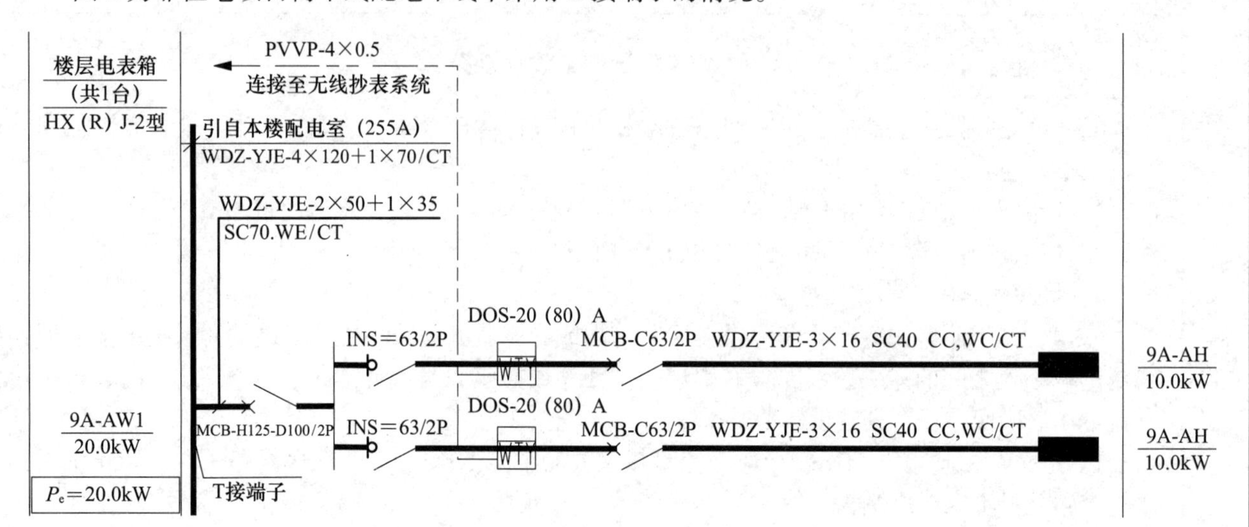

图 2　配电干线系统图（2）

如图 2 所示的电表箱配电干线系统图中，导体载流量减小处（小于 3m）设置了断路器，电缆截面可以按照增设的断路器整定值确定，截面可以相应减小。

2. 链接线路通长均为本回路断路器保护，因此从断路器二次侧开始直到回路最末端，整条线路均不应改变（变小）截面。

图 3 为竖向链接线路与前端配电线路始终采用相同型号规格线缆的情况。

问题解析

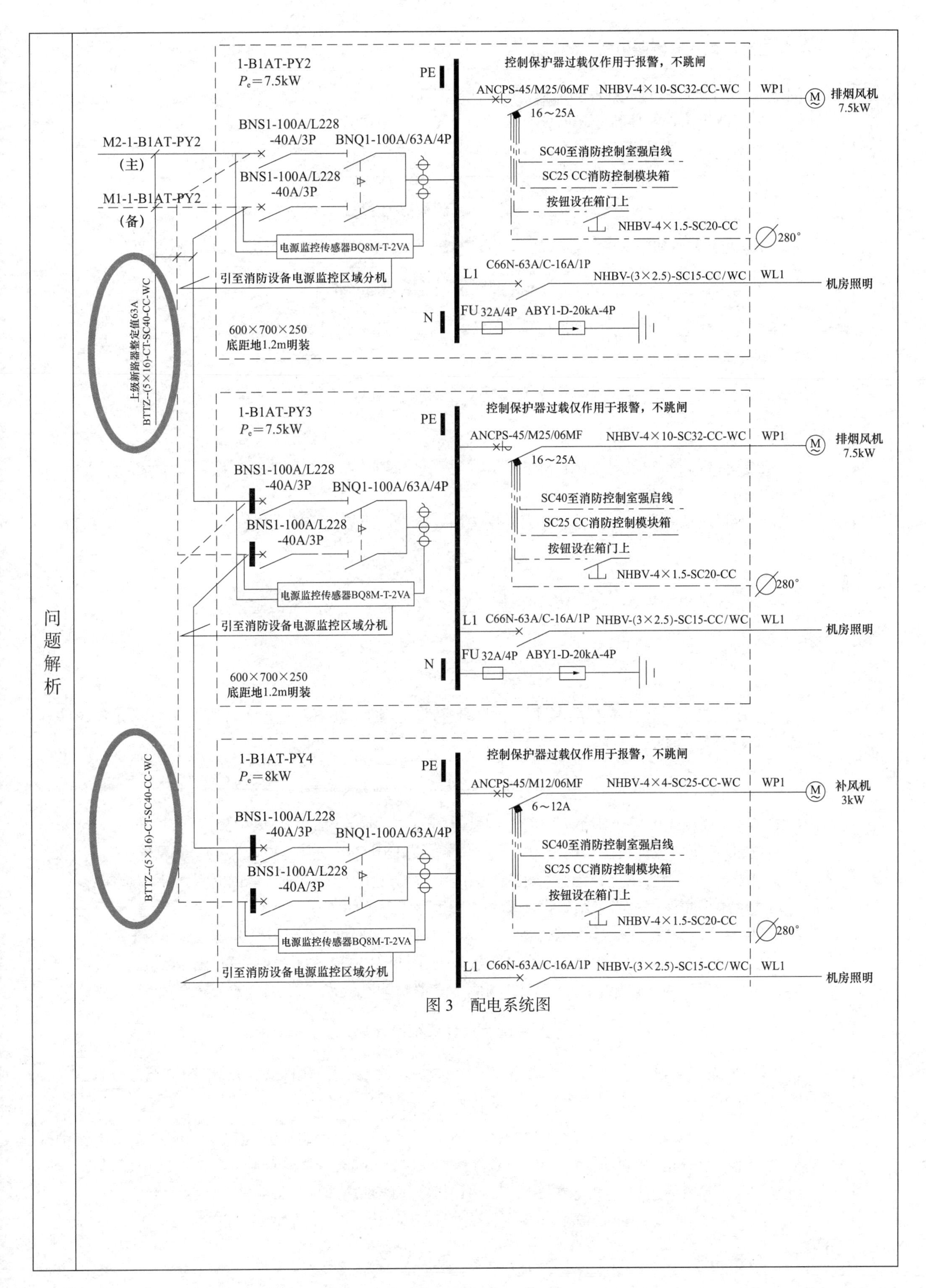
1-B1AT-PY2
P_e=7.5kW
PE
控制保护器过载仅作用于报警，不跳闸
ANCPS-45/M25/06MF
NHBV-4×10-SC32-CC-WC
WP1
排烟风机
7.5kW
16～25A
BNS1-100A/L228
-40A/3P
BNQ1-100A/63A/4P
M2-1-B1AT-PY2
(主)
BNS1-100A/L228
-40A/3P
M1-1-B1AT-PY2
(备)
SC40至消防控制室强启线
SC25 CC消防控制模块箱
按钮设在箱门上
NHBV-4×1.5-SC20-CC
280°
电源监控传感器BQ8M-T-2VA
引至消防设备电源监控区域分机
上级断路器整定值63A
BTTZ-(5×16)-CT-SC40-CC-WC
L1
C66N-63A/C-16A/1P
NHBV-(3×2.5)-SC15-CC/WC
WL1
机房照明
N
FU 32A/4P
ABY1-D-20kA-4P
600×700×250
底距地1.2m明装
1-B1AT-PY3
P_e=7.5kW
PE
控制保护器过载仅作用于报警，不跳闸
ANCPS-45/M25/06MF
NHBV-4×10-SC32-CC-WC
WP1
排烟风机
7.5kW
16～25A
BNS1-100A/L228
-40A/3P
BNQ1-100A/63A/4P
BNS1-100A/L228
-40A/3P
SC40至消防控制室强启线
SC25 CC消防控制模块箱
按钮设在箱门上
NHBV-4×1.5-SC20-CC
280°
电源监控传感器BQ8M-T-2VA
引至消防设备电源监控区域分机
L1
C66N-63A/C-16A/1P
NHBV-(3×2.5)-SC15-CC/WC
WL1
机房照明
N
FU 32A/4P
ABY1-D-20kA-4P
600×700×250
底距地1.2m明装
1-B1AT-PY4
P_e=8kW
PE
控制保护器过载仅作用于报警，不跳闸
ANCPS-45/M12/06MF
NHBV-4×4-SC25-CC-WC
WP1
补风机
3kW
6～12A
BTTZ-(5×16)-CT-SC40-CC-WC
BNS1-100A/L228
-40A/3P
BNQ1-100A/63A/4P
BNS1-100A/L228
-40A/3P
SC40至消防控制室强启线
SC25 CC消防控制模块箱
按钮设在箱门上
NHBV-4×1.5-SC20-CC
280°
电源监控传感器BQ8M-T-2VA
引至消防设备电源监控区域分机
L1
C66N-63A/C-16A/1P
NHBV-(3×2.5)-SC15-CC/WC
WL1
机房照明
问题解析
图 3　配电系统图

问题描述	**问题4　不同场所对线缆种类和敷设条件要求不同** 1. 部分规范提出在一些特定场所要采用低烟、低毒电缆电线。 2. 系统图中对线缆敷设的标注有何要求？
相关标准	**《商店建筑设计规范》** 7.3.14　对于大型和中型商店建筑的营业厅，线缆的绝缘和护套应采用低烟低毒阻燃型。 **《老年人照料设施建筑设计标准》** 7.3.8　低压配电导体应采用铜芯电缆、电线，并应采用阻燃低烟无卤交联聚乙烯绝缘电缆、电线或无烟无卤电缆、电线。 **《教育建筑电气设计规范》** 5.3.1　教育建筑的低压配电线缆应符合下列规定： 3　线缆绝缘材料及护套应避免火焰蔓延对建筑物和消防系统的影响，并应避免燃烧产生含卤烟雾对人身的伤害。 5.3.2　教育建筑中敷设的电线电缆宜采用无卤、低烟、阻燃型电线电缆。 **《医疗建筑电气设计规范》** 5.5.2　二级及以上医院应采用低烟、低毒阻燃类电缆，二级以下医院宜采用低烟、低毒阻燃类线缆。 **《电力工程电缆设计标准》** 3.3.7　在人员密集场所或有低毒性要求的场所，应选用交联聚乙烯或乙丙橡皮等无卤绝缘电缆，不应选用聚氯乙烯绝缘电缆。 **《建筑设计防火规范》** 10.1.10　消防配电线路应满足火灾时连续供电的需要，其敷设应符合下列规定： 1　明敷时（包括敷设在吊顶内），应穿金属导管或采用封闭式金属槽盒保护，金属导管或封闭式金属槽盒应采取防火保护措施；当采用阻燃或耐火电缆并敷设在电缆井、沟内时，可不穿金属导管或采用封闭式金属槽盒保护；当采用矿物绝缘类不燃性电缆时，可直接明敷。 2　暗敷时，应穿管并应敷设在不燃烧性结构内且保护层厚度不应小于30mm。 3　消防配电线路宜与其他配电线路分开敷设在不同的电缆井、沟内；确有困难需敷设在同一电缆井、沟内时，应分别布置在电缆井、沟的两侧，且消防配电线路应采用矿物绝缘类不燃性电缆。 **《火灾自动报警系统设计规范》** 11.2.2　火灾自动报警系统的供电线路、消防联动控制线路应采用耐火铜芯电线电缆，报警总线、消防应急广播和消防专用电话等传输线路应采用阻燃或阻燃耐火电线电缆。 11.2.3　线路暗敷设时，应采用金属管、可挠（金属）电气导管或B_1级以上的刚性塑料管保护，并应敷设在不燃烧体的结构层内，且保护层厚度不宜小于30mm；线路明敷设时，应采用金属管、可挠（金属）电气导管或金属封闭线槽保护。矿物绝缘类不燃性电缆可直接明敷。 11.2.5　不同电压等级的线缆不应穿入同一根保护管内，当合用同一线槽时，线槽内应有隔板分隔。

<table>
<tr>
<td>相关标准</td>
<td>

《消防应急照明和疏散指示系统技术标准》

3.5.4　集中控制型系统中，除地面上设置的灯具外，系统的配电线路应选择耐火线缆，系统的通信线路应选择耐火线缆或耐火光纤。

3.5.5　非集中控制型系统中，除地面上设置的灯具外，系统配电线路的选择应符合下列规定：

1　灯具采用自带蓄电池供电时，系统的配电线路应选择阻燃或耐火线缆；

2　灯具采用集中蓄电池供电时，系统的配电线路应选择耐火线缆。

</td>
</tr>
<tr>
<td>问题解析</td>
<td>

1. 设计时应注意：在上述规范要求场所采用的电缆电线应为低烟无卤或无烟无卤型的电缆电线。还应注意：某些规范要求的低烟低毒电缆电线应包含各智能化系统的电缆电线。

2. 电缆桥架可选择梯架、托盘、线槽、槽盒的方式。消防配电线路明敷时，采用有防火保护措施的金属导管或封闭式金属槽盒（原规范采用封闭式金属线槽），不应标注桥架、梯架、托盘等。国家建筑标准设计图集《建筑电气常用数据》中提到：电缆桥架敷设为 CT，金属线槽敷设为 SR 或 MR，所以图纸中消防线路敷设方式不应标注 CT（采用矿物绝缘类不燃性电缆除外）。

3. 设计说明和平面图应与上述要求一致。

例 1：如图 1 所示的配电线路采用低烟无卤电缆满足规范要求；消防设备配电线路标注采用 CT 敷设有误，应改为 SR 或 MR 敷设，以满足《建筑设计防火规范》第 10.1.10 条规定。

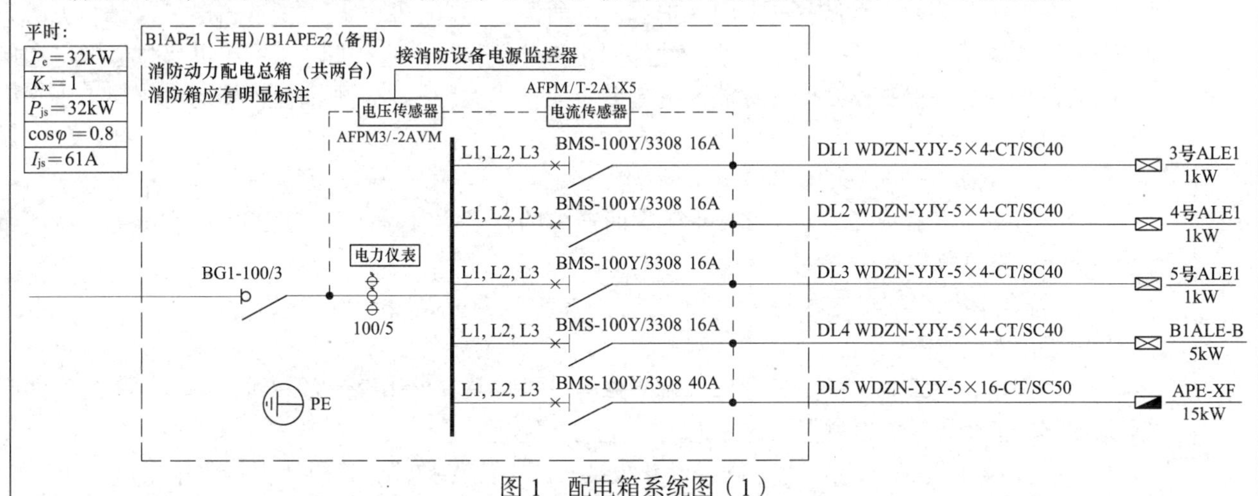

图 1　配电箱系统图（1）

例 2：如图 2 所示消防设备配电线路标注 MR 敷设，满足规范规定。

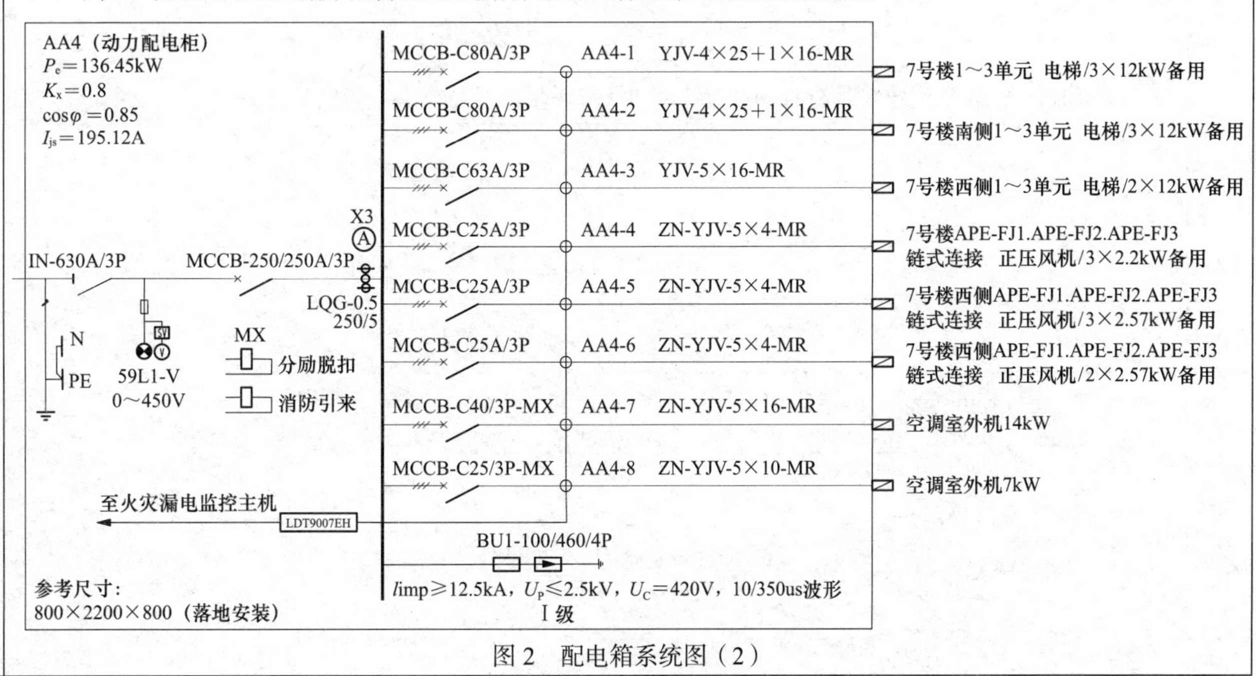

图 2　配电箱系统图（2）

</td>
</tr>
</table>

问题描述

问题1　浪涌保护器标注不完整、不准确

系统图中应注明浪涌保护器的哪些技术指标?

相关标准

《建筑物防雷设计规范》

4.3　第二类防雷建筑物的防雷措施

4.3.8　防止雷电流流经引下线和接地装置时产生的高电位对附近金属物或电气和电子系统线路的反击，应符合下列规定:

4　在电气接地装置与防雷接地装置共用或相连的情况下，应在低压电源线路引入的总配电箱、配电柜处装设Ⅰ级试验的电涌保护器。电涌保护器的电压保护水平值应小于或等于2.5kV。每一保护模式的冲击电流值，当无法确定时应取等于或大于12.5kA。

5　当Yyn0型或Dyn11型接线的配电变压器设在本建筑物内或附设于外墙处时，应在变压器高压侧装设避雷器；在低压侧的配电屏上，当有线路引出本建筑物至其他有独自敷设接地装置的配电装置时，应在母线上装设Ⅰ级试验的电涌保护器，电涌保护器每一保护模式的冲击电流值，当无法确定时冲击电流应取等于或大于12.5kA；当无线路引出本建筑物时，应在母线上装设Ⅱ级试验的电涌保护器，电涌保护器每一保护模式的标称放电电流值应等于或大于5kA。电涌保护器的电压保护水平值应小于或等于2.5kV。

4.4　第三类防雷建筑物的防雷措施

4.4.7　防止雷电流流经引下线和接地装置时产生的高电位对附近金属物或电气和电子系统线路的反击，应符合下列规定:

1　应符合本规范第4.3.8条第1～5款规定。

4.5　其他防雷措施

4.5.4　固定在建筑物上的节日彩灯、航空障碍信号灯及其他用电设备和线路应根据建筑物的防雷类别采取相应的防止闪电电涌侵入的措施，并应符合下列规定:

3　在配电箱内应在开关的电源侧装设Ⅱ级试验的电涌保护器，其电压保护水平不应大于2.5kV，标称放电电流值应根据具体情况确定。

《综合布线系统工程设计规范》

8.0.10　当电缆从建筑物外面进入建筑物时，应选用适配的信号线路浪涌保护器。

问题解析

1. 配电系统的电涌保护器应按上述规范要求设置。
2. 弱电系统图中，信号进入建筑物处应设置适配的信号线路浪涌保护器。

<table>
<tr><td>问题描述</td><td>

问题 2　居住建筑单元配电箱开关选择有误

1. 居住建筑单元配电箱总开关的要求。

2. 住宅三相不平衡配电系统各级负荷计算方法。应按最大相负荷计算，应尽量使供电电源的负荷三相平衡。

</td></tr>
<tr><td>相关标准</td><td>

《住宅建筑规范》

8.5.4　每套住宅应设置电源总断路器，总断路器应采用可同时断开相线和中性线的开关电器。

《住宅设计规范》

8.7.3　每套住宅应设置户配电箱，其电源总开关应采用可同时断开相线和中性线的开关电器。

《住宅建筑电气设计规范》

8.4.3　家居配电箱应装设可同时断开相线和中性线的电源进线开关电器。

《老年人照料设施建筑设计标准》

7.3.9　每个生活单元应设单元配电箱，照料单元的居室宜单设配电箱，配电箱内应设置电源总开关，电源总开关应采用可同时断开相线和中性线的开关电器。

《宿舍建筑设计规范》

7.3.3　宿舍配电系统设计，应符合下列规定：

4　分室计量的居室应设置电源断路器，并应采用可同时断开相线和中性线的开关电器。

</td></tr>
<tr><td>问题解析</td><td>

1. 居住建筑单元配电箱的总开关通常要求采用可同时断开相线和中性线的开关电器。

2. 住宅三相不平衡配电系统各级总负荷，应按各级最大单相负荷乘以 3 计算，应综合考虑各单相负荷的相序，尽量使供电电源的负荷三相平衡。

</td></tr>
</table>

<table>
<tr><td></td><td>第三章　电气系统图中常见的问题</td><td>第三节　配电系统图</td></tr>
<tr><td>问题描述</td><td colspan="2">问题 3　事故通风机控制装置设置有误
1. 事故通风机手动控制的要求是什么？
2. 气体灭火系统事后通风机与一般事故通风机有何区别？</td></tr>
<tr><td>相关标准</td><td colspan="2">《民用建筑供暖通风与空气调节设计规范》
6.3.9　事故通风应符合下列规定：
2　事故通风应根据放散物的种类，设置相应的检测报警及控制系统。事故通风的手动控制装置应在室内外便于操作的地点分别设置。
《建筑设计防火规范》
8.4.3　建筑内可能散发可燃气体、可燃蒸气的场所应设置可燃气体报警装置。
9.3.9　排除有燃烧或爆炸危险气体、蒸气和粉尘的排风系统，应符合下列规定：
1　排风系统应设置导除静电的接地装置。
9.3.16　燃油或燃气锅炉房应设置自然通风或机械通风设施。燃气锅炉房应选用防爆型的事故排风机。当采取机械通风时，机械通风设施应设置导除静电的接地装置。
《通用用电设备配电设计规范》
2.5.4　自动控制或连锁控制的电动机应有手动控制和解除自动控制或连锁控制的措施；远方控制的电动机应有就地控制和解除远方控制的措施；当突然起动可能危及周围人员安全时，应在机械旁装设起动预告信号和应急断电控制开关或自锁式停止按钮。</td></tr>
<tr><td>问题解析</td><td colspan="2">1. 事故通风机控制系统应与可燃气体报警系统联动，应在室内外便于操作的地点分别设置手动控制装置。
2. 事故通风系统应设置导除静电的接地装置。
3. 气体灭火系统事后通风不同于一般事故通风，它排的不是燃烧或爆炸危险气体、蒸气、粉尘，它排的是有毒气体。气体灭火系统的用途之一是应用在主变配电站，事后通风机的主电源很可能就在主变配电站内，一旦主变配电站内充满气体灭火的有毒气体，人员就无法进入，因此室外必须设置事后通风手动控制装置，便于火灾后的操作。火灾时，事后通风机电源作为非消防电源被断开，而火灾后主变配电站内充满气体灭火的有毒气体，人员无法进入主变配电站内闭合电源开关，就无法实现事后通风，因此，建议事后通风机采用消防电源。
4. 一般设备中自动控制或连锁控制的电动机应有手动控制和解除自动控制或连锁控制的措施；远方控制的电动机应有就地控制和解除远方控制的措施。当突然启动可能危及周围人员安全时，应在机械旁装设启动预告信号和应急断电开关或自锁式停止按钮。</td></tr>
</table>

问题描述

问题 4　人防工程配电箱系统图表示不完整、不准确

1. 人防工程配电箱安装有何要求？
2. 人防工程配电箱中人防负荷回路如何设置？

相关标准

《人民防空地下室设计规范》

7.3.4　防空地下室内各种动力配电箱、照明箱、控制箱，不得在外墙、临空墙、防护密闭隔墙、密闭隔墙上嵌墙暗装。若必须设置时，应采取挂墙式明装。

《平战结合人民防空工程设计规范》（北京市地方标准）

7.2.2　战时常用设备电力分级应符合表 7.2.2 的规定。

表 7.2.2　战时常用设备电力负荷分级（节选）

工程类别	设备名称	负荷等级
二等人员掩蔽所 生产车间 食品站 区域电站 区域供水站	基本通信设备、音响警报接收设备、应急通信设备 柴油电站配套的附属设备 应急照明	一级
	重要的风机、水泵 三种通风方式装置系统 正常照明 洗消用的电加热淋浴器、防化设备电源插座箱 区域水源的用电设备 电动防护密闭门、电动密闭门和电动密闭阀门	二级
	不属于一级和二级负荷的其他负荷	三级

7.2.9　内部电源应采用柴油发电机组或蓄电池组。内部电源的连续供电时间不应小于战时隔绝防护时间。

7.3.6　配电箱、照明箱、控制箱等各种电气设备箱（柜），不得在人防工程的外墙、临空墙上嵌墙暗装；在人防工程的防护密闭隔墙、密闭隔墙上嵌墙暗装时，其剩余墙体厚度不得小于 200mm。

7.8.11　各类人防工程中每个防护单元内的通信设备的电源最小容量应符合表 7.8.11 的要求。

表 7.8.11　各类人防工程中通信设备的电源最小容量

序号	工程类别	电源容量（kW）
1	中心医院、急救医院	5
2	救护站	3
3	防空专业队工程	5
4	人员掩蔽工程	3
5	配套工程	3

1. 系统图中应明确人防工程配电箱的安装方式。

2. 系统图中应明确人防内部电源的形式、容量、工作时间、平战转换要求等，应与人防设计说明一致。

3. 系统图中应注意不要忘记设置战时通信电源，战时通信电源应满足战时一级负荷供电要求，还应核实是否设有人防警报控制室，在本工程的哪栋楼顶？什么位置？不应遗漏其电源的设置和配电设计。

4. 人防配电箱系统图如图 1、图 2 所示。

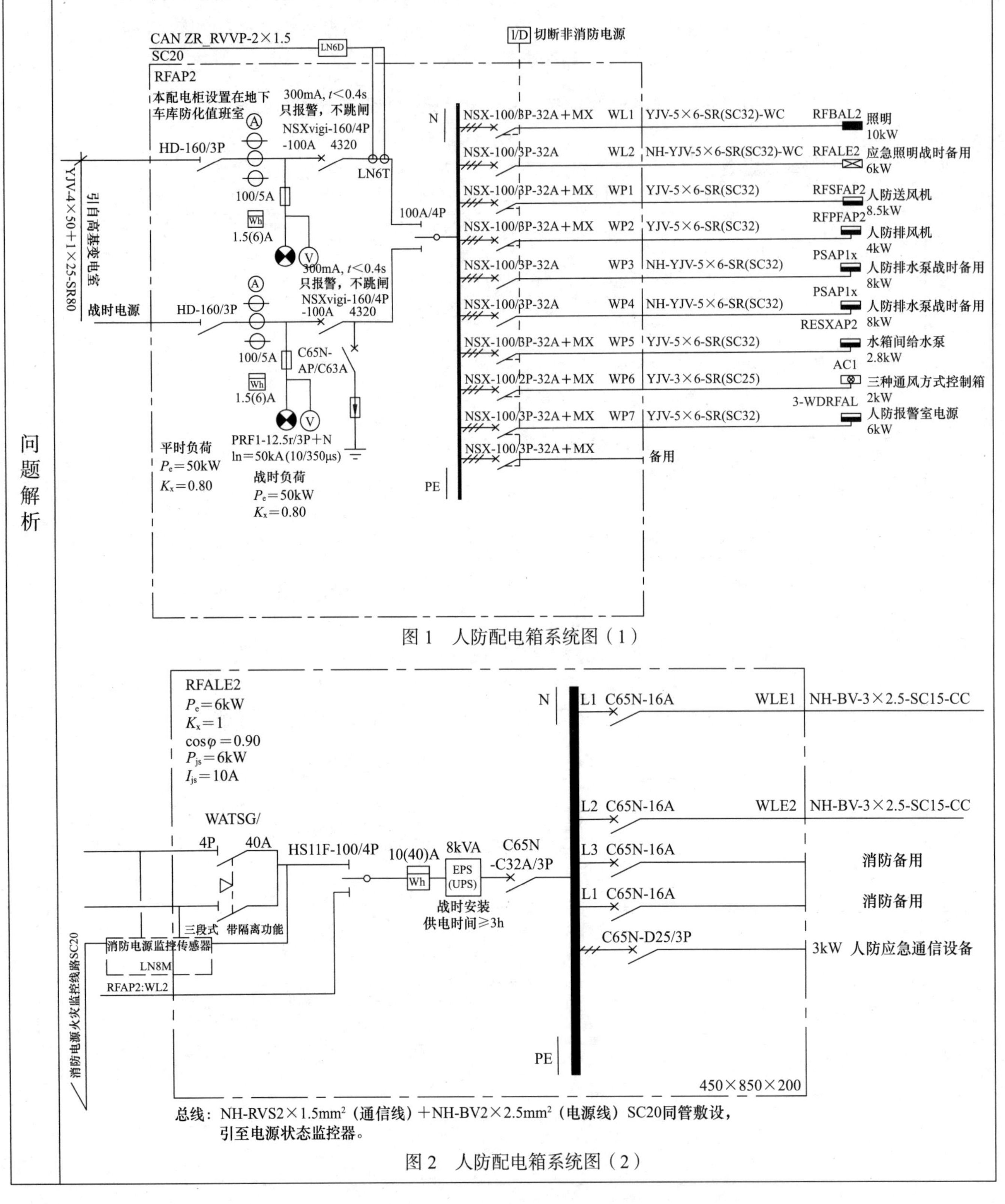

图 1 人防配电箱系统图（1）

图 2 人防配电箱系统图（2）

问题描述

问题 1　消防联动控制在配电系统图中表示不清晰、不准确

1. 系统图中应明确消防配电设备的联动控制要求。

2. 非消防配电线路火灾时，切断电源的方式是什么？

相关标准

《火灾自动报警系统设计规范》

3.1.8　水泵控制柜、风机控制柜等消防电气控制装置不应采用变频启动方式。

4.1.4　消防水泵、防烟和排烟风机的控制设备，除应采用联动控制方式外，还应在消防控制室设置手动直接控制装置。

4.7.1　消防联动控制器应具有发出联动控制信号强制所有电梯停于首层或电梯转换层的功能。

4.9.2　当确认火灾后，由发生火灾的报警区域开始，顺序启动全楼疏散通道的消防应急照明和疏散指示系统，系统全部投入应急状态的启动时间不应大于 5s。

4.10.1　消防联动控制器应具有切断火灾区域及相关区域的非消防电源的功能，当需要切断正常照明时，宜在自动喷淋系统、消火栓系统动作前切断。

问题解析

1. 消防水泵、防烟和排烟风机配电箱的系统图（图 1）中应明确表示联动控制方式及引至消防控制室的手动直接控制装置。

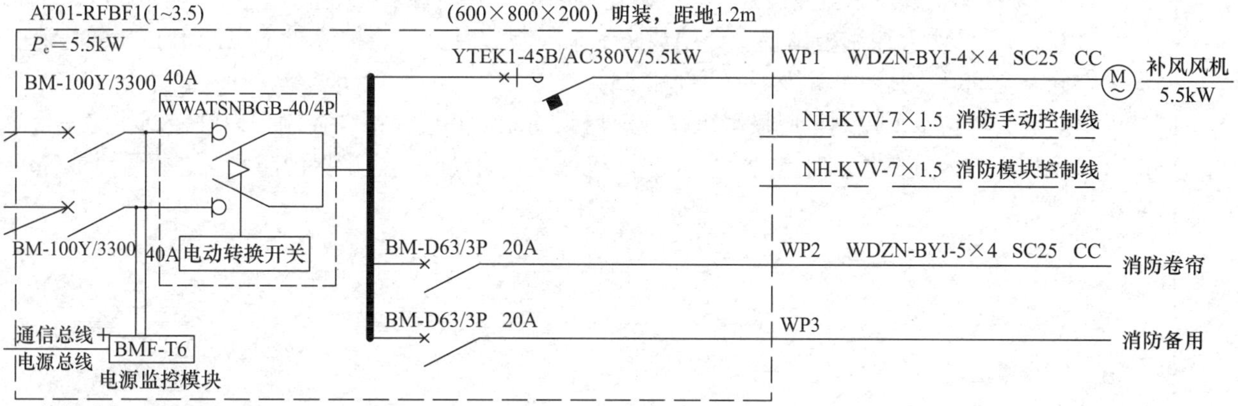

1：控制要求：BF-1-1。
2：消防风机回路断路器只带短路保护，热继电器只作用于报警。
3：平面图中没有的回路系统图中均为备用。

图 1　消防风机配电箱系统图

2. 普通动力负荷等非消防电源配电箱的系统图，应表示火灾时非消防电源的切断方式及切断点的位置。图 2 中明确表示在非消防配电回路设置分励脱扣器，用于火灾时切断非消防电源。

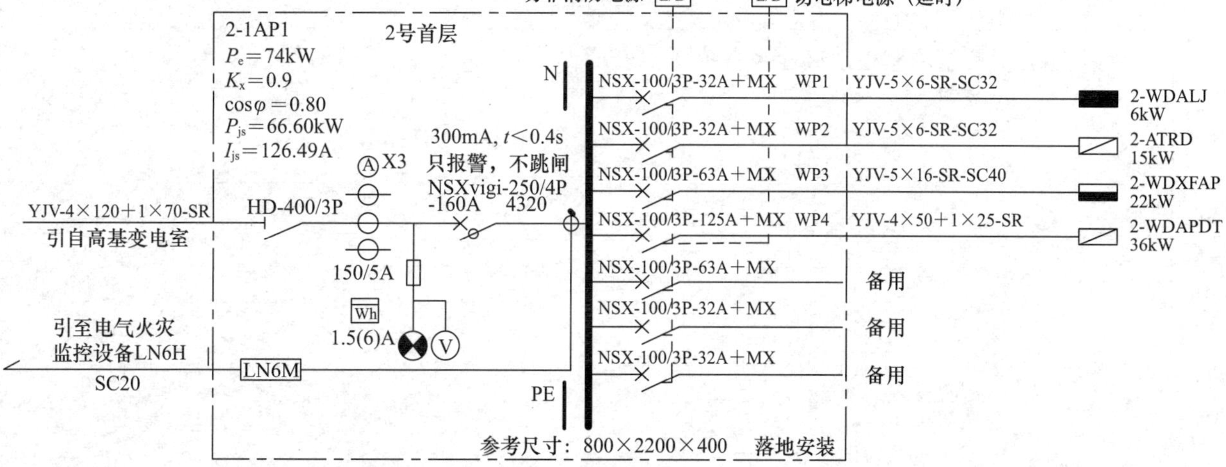

图 2　配电箱系统图

问题描述

问题 2　消火栓泵配电系统图表示不完整、不准确

对消火栓泵系统图的特别要求是什么？

相关标准

《消防给水及消火栓系统技术规范》

11.0.2　消防水泵不应设置自动停泵的控制功能，停泵应由具有管理权限的工作人员根据火灾扑救情况确定。

11.0.5　消防水泵应能手动启停和自动启动。

11.0.7　消防控制室或值班室，应具有下列控制和显示功能：

1　消防控制柜或控制盘应设置专用线路连接的手动直接启泵按钮。

11.0.9　消防水泵控制柜设置在专用消防水泵控制室时，其防护等级不应低于 IP30；与消防水泵设置在同一空间时，其防护等级不应低于 IP55。

11.0.12　消防水泵控制柜应设置机械应急启泵功能，并应保证在控制柜内的控制线路发生故障时由有管理权限的人员在紧急时启动消防水泵。机械应急启动时，应确保消防水泵在报警后 5.0min 内正常工作。

问题解析

上述规范要求均应在消火栓泵系统图中表示。

问题描述

问题 3　防排烟风机配电系统图表示不完整、不准确

对防排烟风机系统图的特别要求是什么？

相关标准

《建筑防烟排烟系统技术标准》

5.1.2　加压送风机的启动应符合下列规定：

1　现场手动启动；

2　通过火灾自动报警系统自动启动；

3　消防控制室手动启动；

4　系统中任一常闭加压送风口开启时，加压风机应能自动启动。

5.1.3　当防火分区内火灾确认后，应能在 15s 内联动开启常闭加压送风口和加压送风机，并应符合下列规定：

1　应开启该防火分区楼梯间的全部加压送风机；

2　应开启该防火分区内着火层及其相邻上下层前室及合用前室的常闭送风口，同时开启加压送风机。

5.2.2　排烟风机、补风机的控制方式应符合下列规定：

1　现场手动启动；

2　火灾自动报警系统自动启动；

3　消防控制室手动启动；

4　系统中任一排烟阀或排烟口开启时，排烟风机、补风机自动启动；

5　排烟防火阀在 280℃时应自行关闭，并应连锁关闭排烟风机和补风机。

问题解析

上述规范要求均应在消防风机系统图中表示。

问题描述	**问题 4　未按要求设置电气火灾监控系统** 电气火灾监控系统的设置场所、电气火灾监控探测器的形式与安装位置有误。
相关标准	**《建筑设计防火规范》** 10.2.7　老年人照料设施的非消防用电负荷应设置电气火灾监控系统。下列建筑或场所的非消防用电负荷宜设置电气火灾监控系统： 1　建筑高度大于 50m 的乙、丙类厂房和丙类仓库，室外消防用水量大于 30L/s 的厂房（仓库）； 2　一类高层民用建筑； 3　座位数超过 1500 个的电影院、剧场，座位数超过 3000 个的体育馆，任一层建筑面积大于 $3000m^2$ 的商店和展览建筑，省（市）级及以上的广播电视、电信和财贸金融建筑，室外消防用水量大于 25L/s 的其他公共建筑； 4　国家级文物保护单位的重点砖木或木结构的古建筑。 **《商店建筑设计规范》** 7.3.16　对于大型和中型商店建筑的营业厅，除消防设备及应急照明外，配电干线回路应设置防火剩余电流动作报警系统。 **《火灾自动报警系统设计规范》** 9.1.1　电气火灾监控系统可用于电气火灾危险的场所。 9.1.3　电气火灾监控系统应根据建筑物的性质及电气火灾危险性设置，并应根据电气线路敷设和用电设备的具体情况，确定电气火灾监控探测器的形式与安装位置。 9.1.6　电气火灾监控系统的设置不应影响供电系统的正常工作，不宜自动切断供电电源。 **《低压配电设计规范》** 6.4.3　为减少接地故障引起的电气火灾危险而装设的剩余电流监测或保护电器，其动作电流不应大于 300mA；当动作于切断电源时，应断开回路的所有带电导体。 **《民用建筑电气设计标准》** 13.2.2　除现行国家标准《建筑设计防火规范》GB 50016 规定的建筑或场所外，下列民用建筑或场所的非消防负荷的配电回路应设置电气火灾监控系统： 1　民用机场航站楼，一级、二级汽车客运站，一级、二级港口客运站； 2　建筑总面积大于 $3000m^2$ 的旅馆建筑、商场和超市； 3　座位数超过 1500 个的电影院、剧场，座位数超过 3000 个的体育馆，座位数超过 2000 个的会堂，座位数超过 20000 个的体育场； 4　藏书超过 50 万册的图书馆； 5　省级及以上博物馆、美术馆、文化馆、科技馆等公共建筑； 6　三级乙等及以上医院的病房楼、门诊楼； 7　省市级及以上电力调度楼、电信楼、邮政楼、防灾指挥调度楼、广播电视楼、档案楼； 8　城市轨道交通、一类交通隧道工程； 9　设置在地下、半地下或地上四层及以上的歌舞娱乐放映游艺场所，设置在首层、二层和三层且任一层建筑面积大于 $300m^2$ 歌舞娱乐放映游艺场所； 10　幼儿园，中、小学的寄宿宿舍，老年人照料设施。

问题解析	1. 上述规范所列在电气火灾危险场所应设计电气火灾监控系统，且剩余电流式电气火灾监控探测器报警值初次设定不宜大于300mA。 2. 根据《北京市公安局消防局关于印发积极推进电气火灾监控系统安装应用实施意见的通知》（消监字〔2017〕53号）第四条第（二）款第5项，对新建、整体改建和扩建的建设工程在申请消防设计审核时，均应要求安装电气火灾监控系统。 根据第四条第（二）款第7项，对局部改建工程，在消防设计审核时，向建设单位发放《告知书》，鼓励各单位安装电气火灾监控系统。

问题描述

问题 5　消防配电系统中的漏电开关设置有误

在消防配电系统中可否设置漏电开关，若设置漏电开关，应注意哪些问题？

相关标准

《火灾自动报警系统设计规范》

9.1.6　电气火灾监控系统的设置不应影响供电系统的正常工作，不宜自动切断供电电源。

10.1.4　火灾自动报警系统主电源不应设置剩余电流动作保护和过负荷保护装置。

《消防应急照明和疏散指示系统技术标准》

3.3.2　应急照明配电箱或集中电源的输入及输出回路中不应装设剩余电流动作保护器，输出回路严禁接入系统以外的开关装置、插座及其他负载。

《低压配电设计规范》

5.2.9　TN 系统中配电线路的间接接触防护电器切断故障回路的时间，应符合下列规定：

1　配电线路或仅供给固定式电气设备用电的末端线路，不宜大于 5s；

2　供给手持式电气设备和移动式电气设备用电的末端线路或插座回路，TN 系统的最长切断时间不应大于表 5.2.9 的规定。

表 5.2.9　TN 系统的最长切断时间

相导体对地标称电压（V）	切断时间（s）
220	0.4
380	0.2
＞380	0.1

6.4.3　为减少接地故障引起的电气火灾危险而装设的剩余电流监测或保护电器，其动作电流不应大于 300mA；当动作于切断电源时，应断开回路的所有带电导体。

6.3.6　过负荷断电将引起严重后果的线路，其过负荷保护不应切断线路，可作用于信号。

问题解析

1. 从上面规范可以看出，通常情况下消防设备回路不应设置漏电开关。

2. 为减少接地故障引起的电气火灾危险而装设的防电气火灾漏电保护电器（动作电流不应大于 300mA 的漏电开关）的带有消防设备的回路，其漏电保护电器不应切断线路，可作用于信号。

原因之一是一旦发生漏电，火灾不会立刻发生，允许维修人员在最短时间内尽快进行反应和处理，同时保证消防设备正常运行。

3. 施工图审查中经常遇到将消防水管上的电伴热、地下室的排水泵（《低压配电设计规范》第 5.2.1.1 条要求：间接接触防护采用Ⅱ类的设备，没有必要采用漏电开关）定义为消防设备，又在配电回路上采用漏电开关（30mA）并注明漏电开关仅报警不动作，这是错误的。

30mA 漏电开关是保护人身安全的间接接触防护电器，发生故障必须立即动作来保护人身安全，没有处理故障的时间。

若认为这些是重要的消防设备，则应注明动作并报警或既动作又报警。

应首先保证人身安全立即断电，同时报警通知维修人员尽快检修后能尽快恢复使用。

4. 施工图设计中经常遇到将电梯轿厢照明回路采用 30mA 漏电开关保护，但若是消防电梯轿厢照明回路采用 30mA 漏电开关保护则存在隐患：30mA 漏电开关是保护人身安全的间接接触防护电器，发生故障必须立即动作来保护人身安全，但火灾时消防人员是会使用消防电梯的，此时，若漏电开关动作，消防电梯轿厢内灯光熄灭，会影响火灾时消防人员的正常工作（图 1）。

问题解析

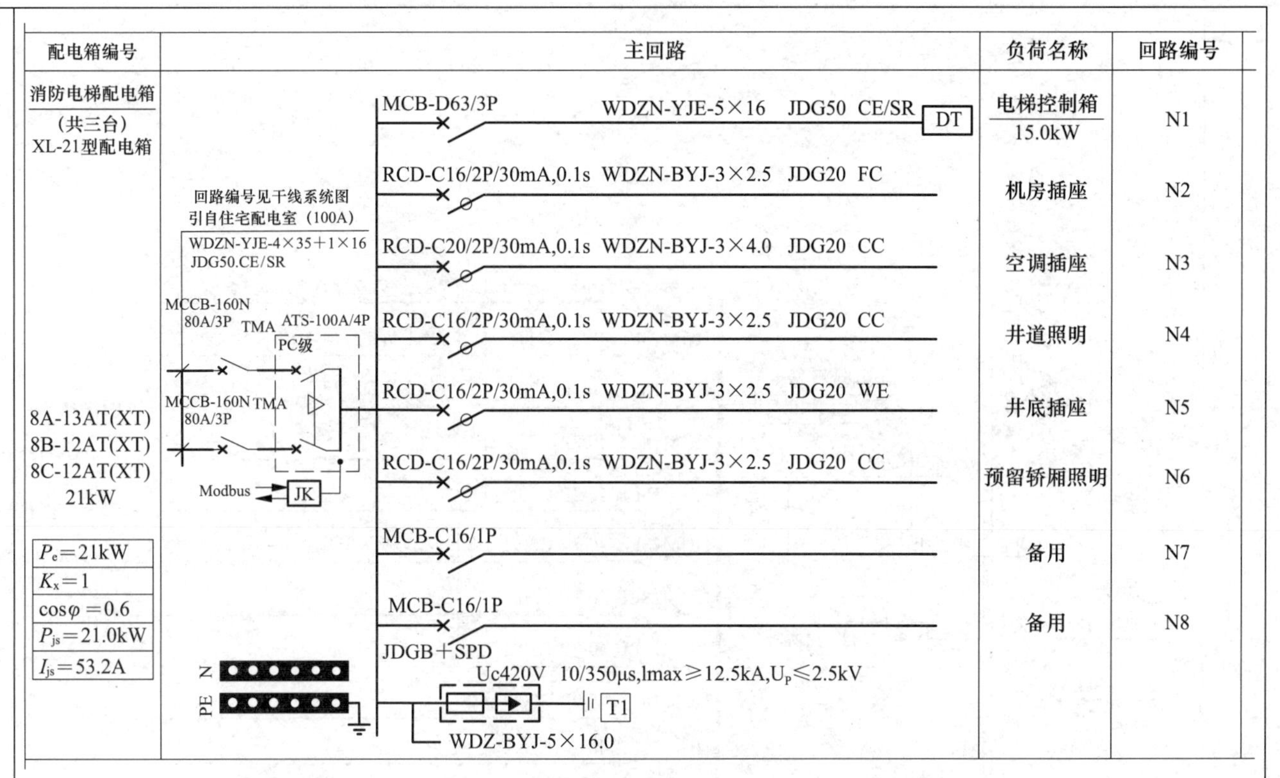

图 1 电梯配电箱系统图

5. 消防电梯轿厢照明回路可以采用《低压配电设计规范》第 5.2.1 条除漏电开关以外的各种间接接触防护措施。如图 2 所示，消防电梯轿厢照明回路采用特低电压供电的方式。

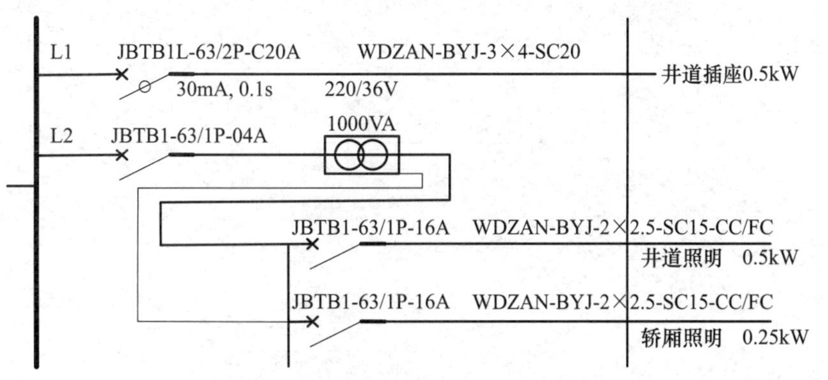

图 2 消防电梯配电箱系统图

6. 在消防控制室消防设备电源的末端切换箱内，不应设置带漏电开关的配电回路，不应设置普通负荷备用回路，仅可设置“消防备用”回路。消防控制室的普通插座、空调等非消防设备均不应由此末端切换箱引接电源。安防监控室与消防控制室合用时，另设置安防等弱电设备用双电源切换配电箱。如图 3 所示，消防控制室电源箱中存在多个上述错误。

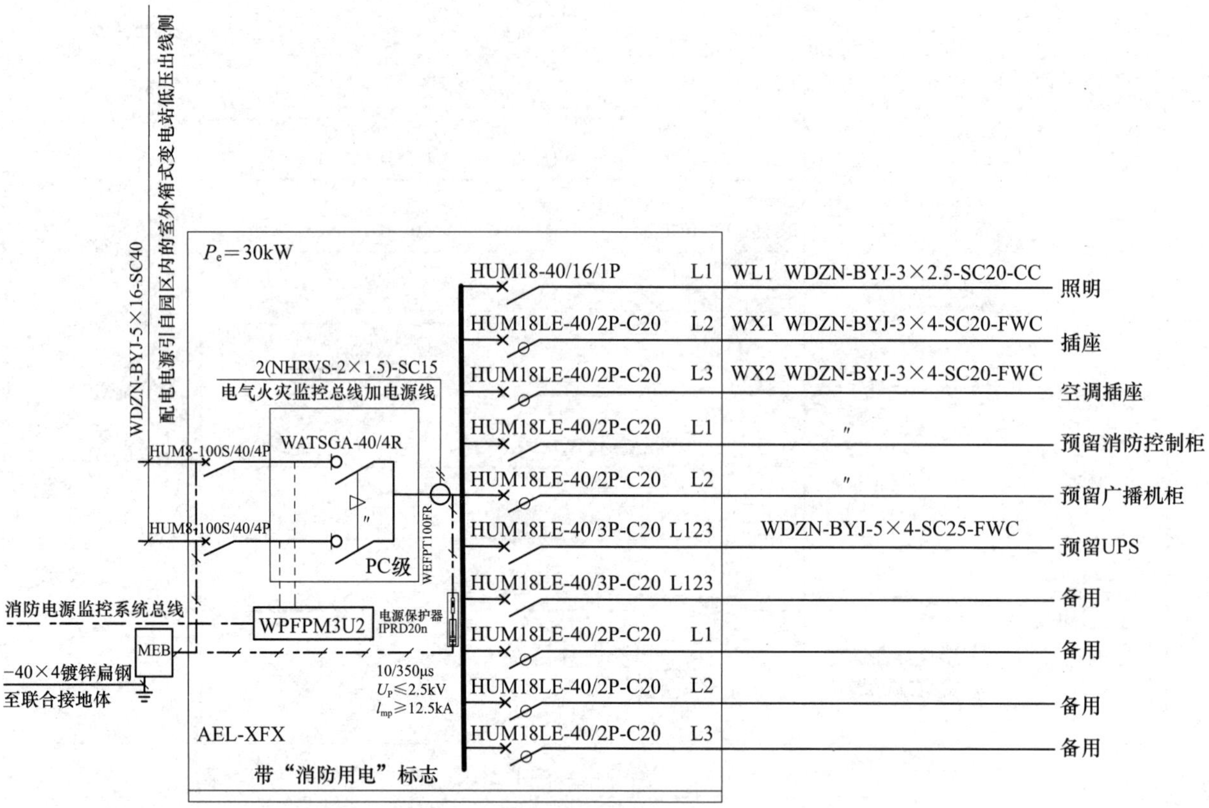

WDZN-BYJ-5×16-SC40
配电电源引自园区内的室外箱式变电站低压出线侧

P_e=30kW

2(NHRVS-2×1.5)-SC15
电气火灾监控总线加电源线

HUM8-100S/40/4P
HUM8-100S/40/4P
WATSGA-40/4R
PC级
WEFPT100FR
消防电源监控系统总线
WPFPM3U2
电源保护器
IPRD20n
10/350μs
U_p≤2.5kV
I_{mp}≥12.5kA
MEB
-40×4镀锌扁钢
至联合接地体
AEL-XFX
带“消防用电”标志

HUM18-40/16/1P L1 WL1 WDZN-BYJ-3×2.5-SC20-CC 照明
HUM18LE-40/2P-C20 L2 WX1 WDZN-BYJ-3×4-SC20-FWC 插座
HUM18LE-40/2P-C20 L3 WX2 WDZN-BYJ-3×4-SC20-FWC 空调插座
HUM18LE-40/2P-C20 L1 〃 预留消防控制柜
HUM18LE-40/2P-C20 L2 〃 预留广播机柜
HUM18LE-40/3P-C20 L123 WDZN-BYJ-5×4-SC25-FWC 预留UPS
HUM18LE-40/3P-C20 L123 备用
HUM18LE-40/2P-C20 L1 备用
HUM18LE-40/2P-C20 L2 备用
HUM18LE-40/2P-C20 L3 备用

图3 消防控制室电源箱中存在错误

问题解析

<table>
<tr><td>问题描述</td><td>问题 6　应急照明配电系统图表示不完整、不准确
应急照明系统图的要求是什么?</td></tr>
<tr><td>相关标准</td><td>《消防应急照明和疏散指示系统技术标准》
国家建筑标准设计图集《应急照明设计与安装》
《建筑设计防火规范》</td></tr>
<tr><td>问题解析</td><td>1. 应在系统图中明确：消防应急照明和疏散指示系统的控制方式和蓄电池电源为应急照明的供电方式。
消防应急照明和疏散指示系统按控制方式分为集中控制型系统和非集中控制型系统。
蓄电池电源为应急照明的供电方式分为集中电源和自带电源两种方式。集中电源按照供电距离、导线截面、压降损耗及集中电源功率等因素可以集中或分散设置。
2. 消防应急照明和疏散指示系统图中应明确交流线路、直流线路、控制线路的位置、电压、线路型号、规格、芯数。
应明确应急电源安装的位置、消防电源的来处和进线位置、各种线路进出口的编号、名称、线路型号、规格、电源和负荷的容量。
应明确配电装置安装的位置、各种线路进出口的编号、名称、线路型号、规格。</td></tr>
</table>

问题描述	**问题7　消防负荷末端切换箱设置有误** 1. 消防控制室、消防水泵房、防烟和排烟风机房、消防电梯的配电箱均要求在最末一级配电箱处自动切换。 2. 排水泵（消防电梯下和消防水泵房内除外）、空压机、稳压泵、电伴热等设备被认定为消防设备时，应如何执行在最末一级配电箱处自动切换？
相关标准	**《建筑设计防火规范》** 10.1.6　消防用电设备应采用专用的供电回路，当建筑内的生产、生活用电被切断时，应仍能保证消防用电。 10.1.8　消防控制室、消防水泵房、防烟和排烟风机房的消防用电设备及消防电梯等的供电，应在其配电线路的最末一级配电箱处设置自动切换装置。 **《人民防空工程设计防火规范》** 8.1.2　消防控制室、消防水泵、消防电梯、防烟风机、排烟风机等消防用电设备应采用两路电源或两回路供电线路供电，并应在最末一级配电箱处自动切换。
问题解析	1. 以上各规范对消防控制室、消防水泵房、防烟和排烟风机房、消防电梯，均明确要求在最末一级配电箱处自动切换，非常明确地说明了这些消防设备的重要性，其他设备即使是所谓消防设备也不应与之共用末端切换配电箱。 消防控制室、消防水泵房、防烟和排烟风机房、消防电梯是火灾时必须使用的消防设备，应保证其电源的可靠性，排除各种干扰。 2. 除消防控制室、消防水泵房、防烟和排烟风机房、消防电梯之外的消防设备，规范强制要求采用专用供电回路，未强制采用末端切换配电箱。 《人民防空工程设计防火规范》第7.8.1条要求：设置有消防给水的人防工程，必须设置消防排水设施。规范要求设置消防排水设施，未要求设置数量；本条条文说明中设置机械排水设施是为了避免因消防措施造成二次损害。 《消防给水及消火栓系统技术规范》第9.1.1条要求：设有消防给水系统的建设工程宜采取消防排水措施。 排水泵（消防电梯下和消防水泵房内除外）、空压机、稳压泵、电伴热等设备，若在本工程定义为消防设备（与消防有关，或平时保障消防设备正常待机，或消防时可能会使用，但不是消防时必须使用的设备），可以采用消防电源，双电源可以在最末一级配电箱处自动切换，但不建议与消防控制室、消防水泵房、防烟和排烟风机房、消防电梯采用同一末端切换配电箱，不建议采用同一消防电源配电，若采用同一消防末端切换配电箱配电，会降低火灾时必须使用的消防设备电源的可靠性，提高故障率，产生不必要的干扰。

问题描述	**问题 1　火灾自动报警系统图表示不完整、不准确** 应注意对火灾自动报警系统图的要求。
相关标准	《火灾自动报警系统设计规范》 《消防给水及消火栓系统技术规范》 《出入口控制系统工程设计规范》
问题解析	施工图设计中，火灾自动报警系统图有如下几方面内容容易疏忽 1.《火灾自动报警系统设计规范》 3.1.6　系统总线上应设置总线短路隔离器，每只总线短路隔离器保护的火灾探测器、手动火灾报警按钮和模块等消防设备的总数不应超过 32 点。 3.1.7　高度超过 100m 的建筑中，除消防控制室内设置的控制器外，每台控制器直接控制的火灾探测器、手动报警按钮和模块等设备不应跨越避难层。 应在火灾自动报警系统图中明确表示出上述规范要求。 2.《火灾自动报警系统设计规范》 4.1.1　消防联动控制器应能按设定的控制逻辑向相关的受控设备发出联动信号，并接受相关设备的联动反馈信号。 消防泵的水流指示器、压力开关、信号阀、流量开关、水位开关，电梯归首，送风口、排烟口，防火卷帘，非消防广播系统，安防疏散口等控制应表示在火灾自动报警系统图中。 3.《火灾自动报警系统设计规范》 4.1.4　消防水泵、防烟和排烟风机的控制设备，除采用联动控制方式外，还应在消防控制室设置手动直接控制装置。 火灾自动报警系统图中由消防控制室至消防水泵、防烟和排烟风机控制箱的手动直接控制装置连线不应遗漏。 4.《消防给水及消火栓系统技术规范》 4.3.9　消防水池的出水、排水和水位应符合下列规定： 2　消防水池应设置就地水位显示装置，并应在消防控制中心或值班室等地点设置显示消防水池水位的装置，同时应有最高和最低报警水位。 4.3.11　高位消防水池的最低有效水位应能满足其所服务的水灭火设施所需的工作压力和流量，且其有效容积应满足火灾延续时间内所需消防用水量，并应符合下列规定： 1　高位消防水池的有效容积、出水、排水和水位，应符合本规范第 4.3.8 条和第 4.3.9 条的规定。 火灾自动报警系统图中不应遗漏消防水池水位、高位消防水池的水位信号。 5.《火灾自动报警系统设计规范》 4.8.12　消防应急广播与普通广播或背景音乐广播合用时，应具有强制切入消防应急广播的功能。 火灾自动报警系统图应分别表示出声光报警器、消防广播扬声器，同时表示强制切入消防应急广播的功能。 6.《出入口控制系统工程设计规范》 9.0.1　系统安全性设计除应符合现行国家标准《安全防范工程技术规范》GB 50348 的有关规定外，还应符合下列规定： 2　系统必须满足紧急逃生时人员疏散的相关要求。当通向疏散通道方向为防护面时，系统必须与火灾报警系统及其他紧急疏散系统联动，当发生火警或需紧急疏散时，人员不使用钥匙应能迅速安全通过。 应在火灾自动报警系统图中明确表示出上述规范要求，《安全防范工程技术规范》现被《安全防范工程技术标准》替代，标准号未变，年号改变。

问题描述	**问题 2　可燃气体探测器接入火灾自动报警系统有误** 可燃气体探测报警系统是否可以接入火灾自动报警控制器？
相关标准	《火灾自动报警系统设计规范》 8.1.2　可燃气体探测报警系统应独立组成，可燃气体探测器不应接入火灾报警控制器的探测器回路；当可燃气体的报警信号需接入火灾自动报警系统时，应由可燃气体报警控制器接入。
问题解析	可燃气体探测器不应被直接接入火灾报警控制器的探测器回路，应独立组成可燃气体探测报警系统，由可燃气体探测报警系统的控制器接入火灾自动报警系统。系统图应与平面图保持一致，其他消防系统图相同，如气体灭火系统图等，也是如此。

<table>
<tr><td></td><td>第四章　电气平面图中常见的问题</td><td>第一节　平面图基本要求</td></tr>
<tr><td>问题描述</td><td colspan="2">问题 1　平面图基本要求中常见的问题
1. 平面图不成比例，无法测量各种距离；平面图比例过小，图例符号过小，无法看清图纸。
2. 图纸线型不合适，电气与其他专业内容主次不分，找不到、看不清电气内容；其他内容过多，如家具、水暖管道等掩盖电气内容。
3. 平面图未标注尺寸，未标注轴线及轴线号，未标注房间名称。审图人员无法详细提出问题出现的具体位置。
4. 各防火分区分隔和各人防分区分隔在平面图中查找困难。</td></tr>
<tr><td>相关标准</td><td colspan="2">《建筑工程设计文件编制深度规定（2016 年版）》
4.5.7　配电、照明设计图。
2　配电平面图应包括建筑门窗、墙体、轴线、主要尺寸、房间名称、工艺设备编号及容量；布置配电箱、控制箱，并注明编号；绘制线路始、终位置（包括控制线路），标注回路编号、敷设方式（需强调时）；凡需专项设计场所，其配电和控制设计图随专项设计，但配电平面图上应相应标注预留的配电箱，并标注预留容量；图纸应有比例。
3　照明平面图应包括建筑门窗、墙体、轴线、主要尺寸、标注房间名称、绘制配电箱、灯具、开关、插座、线路等平面布置，标明配电箱编号，干线、分支线回路编号；凡需二次装修部位，其照明平面图及配电箱系统图由二次装修设计，但配电或照明平面图上应相应标注预留的照明配电箱，并标注预留容量；图纸应有比例。
4.5.9　防雷、接地及安全设计图。
1　绘制建筑物顶层平面，应有主要轴线号、尺寸、标高、标注接闪杆、接闪器、引下线位置。注明材料型号规格、所涉及的标准图编号、页次，图纸应标注比例。
2　绘制接地平面图（可与防雷顶层平面重合），绘制接地线、接地极、测试点、断接卡等的平面位置、标明材料型号、规格、相对尺寸等及涉及的标准图编号、页次，图纸应标注比例。</td></tr>
<tr><td>问题解析</td><td colspan="2">1. 应按《建筑工程设计文件编制深度规定（2016 年版）》的具体要求绘制平面图。
2. 平面图应采用标准的制图比例，且比例不宜小于 1∶100。
3. 图纸线型应适当，电气内容需强化，其他内容需弱化、简化，但是平面图不应简单地把尺寸、轴线及轴线号都删除；数字化送审图纸不应采用彩色颜色表示。
4. 平面图应标注尺寸、轴线及轴线号，应注明房间名称和区域功能名称。
5. 有多个防火分区的平面图应有防火分区示意图，有多个人防分区的平面图应有人防分区示意图。
6. 建筑专业的防火分区或人防分区分隔线图层非常重要，在平面图设计中一定要以此为依据，防止各支线跨越防火分区或人防分区。</td></tr>
</table>

问题描述

问题 1　配电平面图中消防线路敷设方式表示不清晰、不准确

1. 在施工图审查中经常遇到设计人员对消防配电线路没有提出具体要求，平面图中消防与非消防线路没有分别标注，消防与非消防线路采用了同一路径。

2. 在施工图审查中经常遇到设计人员提出的火灾自动报警系统的线路敷设要求不详细、不具体，图中对消防线槽的说明不详细、不具体。

相关标准

《建筑设计防火规范》

10.1.10　消防配电线路应满足火灾时连续供电的需要，其敷设应符合下列规定：

1　明敷时（包括敷设在吊顶内），应穿金属导管或采用封闭式金属槽盒保护，金属导管或封闭式金属槽盒应采取防火保护措施；当采用阻燃或耐火电缆并敷设在电缆井、沟内时，可不穿金属导管或采用封闭式金属槽盒保护；当采用矿物绝缘类不燃性电缆时，可直接明敷。

2　暗敷时，应穿管并应敷设在不燃烧性结构内且保护层厚度不应小于 30mm。

3　消防配电线路宜与其他配电线路分开敷设在不同的电缆井、沟内；确有困难需敷设在同一电缆井、沟内时，应分别布置在电缆井、沟的两侧，且消防配电线路应采用矿物绝缘类不燃性电缆。

《火灾自动报警系统设计规范》

11.2.3　线路暗敷设时，应采用金属管、可挠（金属）电气导管或 B_1 级以上的刚性塑料管保护，并应敷设在不燃烧体的结构层内，且保护层厚度不宜小于 30mm；线路明敷设时，应采用金属管、可挠（金属）电气导管或金属封闭线槽保护。矿物绝缘类不燃性电缆可直接明敷。

11.2.4　火灾自动报警系统用的电缆竖井，宜与电力、照明用的低压配电线路电缆竖井分别设置。受条件限制必须合用时，应将火灾自动报警系统用的电缆和电力、照明用的低压配电线路电缆分别布置在竖井的两侧。

11.2.5　不同电压等级的线缆不应穿入同一根保护管内，当合用同一线槽时，线槽内应有隔板分隔。

问题解析

1. 按规范要求，消防配电线路与其他配电线路分开敷设在不同的电缆井、沟内，确有困难需敷设在同一电缆井、沟内时，应分别布置在电缆井、沟的两侧，且消防配电线路应采用矿物绝缘类不燃性电缆。因此在非电缆井、沟的其他场所中消防配电线路与其他配电线路应分槽盒敷设，非消防线路不应敷设在消防槽盒中。（采用 BTTZ 矿物绝缘类不燃性电缆除外）

2. 电缆桥架有梯架、托盘、线槽、槽盒等多种方式。消防配电线路明敷时，采用有防火保护措施的金属导管或封闭式金属槽盒（前一版规范采用封闭式金属线槽），不应采用桥架、梯架、托盘等。国家建筑标准设计图集《建筑电气常用数据》中提到：电缆桥架敷设为 CT，金属线槽敷设为 SR 或 MR，所以图纸中消防线路敷设方式标注不应为 CT。（采用矿物绝缘类不燃性电缆除外）

3. 干线采用 BTTZ 矿物绝缘线缆时，可直接明敷（没有特别要求），但是应注意若支线未采用矿物绝缘线缆时，还应按上述两条要求执行，消防配电线路与其他配电线路应分槽盒敷设，非消防线路不应敷设在消防槽盒中。

4. 火灾自动报警系统用的线缆应敷设在智能化（弱电）竖井中，受条件限制必须与电力、照明用的低压配电线路电缆共井时，应将火灾自动报警系统的线缆和电力、照明用的低压配电线路电缆分别布置在竖井的两侧，并采用有防火保护措施的金属导管或封闭式金属槽盒敷设。

5. 用于火灾自动报警系统线缆敷设的消防线槽内应有分隔隔板。

6. 设计说明和系统图应与上述要求一致。

问题描述

问题 2　变配电室及配电间的设置不满足标准要求

1. 施工图审查时，经常遇到成排布置的配电屏长度大于 6m，屏后面的通道未设置 2 个出口；成排布置的配电屏（包含并排布置的变压器）长度大于 15m，无增加出口设计的情况。

2. 施工图审查时，经常遇到配电室（间）设置在潮湿场所（包括厨房）的正下方，经常遇到配电室（间、井）与潮湿场所相毗邻的情况。

相关标准

《民用建筑电气设计标准》

4.2.1　变电所位置选择，应符合下列要求：

6　不应设在厕所、浴室、厨房或其他经常有水并可能漏水场所的正下方，且不宜与上述场所贴邻；如果贴邻，相邻隔墙应做无渗漏、无结露等防水处理。

4.7.3　当成排布置的配电柜长度大于 6m 时，柜后面的通道应设置两个出口。当两个出口之间的距离大于 15m 时，尚应增加出口。

23.2.9　弱电间（弱电竖井）设置应符合下列要求：

4　弱电间不应与水、暖、气等管道共用井道；

5　弱电间应避免靠近烟道、热力管道及其他散热量大或潮湿的设施。

《20kV 及以下变电所设计规范》

2.0.1　变电所的所址应根据下列要求，经技术经济等因素综合分析和比较后确定：

7　不应设在厕所、浴室、厨房或其他经常积水场所的正下方处，也不宜设在与上述场所相贴邻的地方，当贴邻时，相邻的隔墙应做无渗漏、无结露的防水处理。

4.2.6　配电装置的长度大于 6m 时，其柜（屏）后通道应设两个出口，当低压配电装置两个出口间的距离超过 15m 时应增加出口。

《民用建筑设计统一标准》

8.3.5　电气竖井的设置应符合下列规定：

1　电气竖井的面积、位置和数量应根据建筑物规模、使用性质、供电半径和防火分区等因素确定，每层设置的检修门应开向公共走道。电气竖井不宜与卫生间等潮湿场所相贴邻。

问题解析

1. 设计时，应注意当成排布置的配电屏长度大于 6m 时，屏后面的通道应设置两个出口。当成排布置的低压配电屏（特别是与变压器并排时）长度大于 15m 时，中间应增加出口设置。

2. 配电室（间、井）不应位于潮湿场所（包括厨房）的正下方，也不应与潮湿场所毗邻。图 1 中的电井位置不合适。

3. 户配电箱不应设置在住宅和旅馆客房等带淋浴卫生间的墙上。

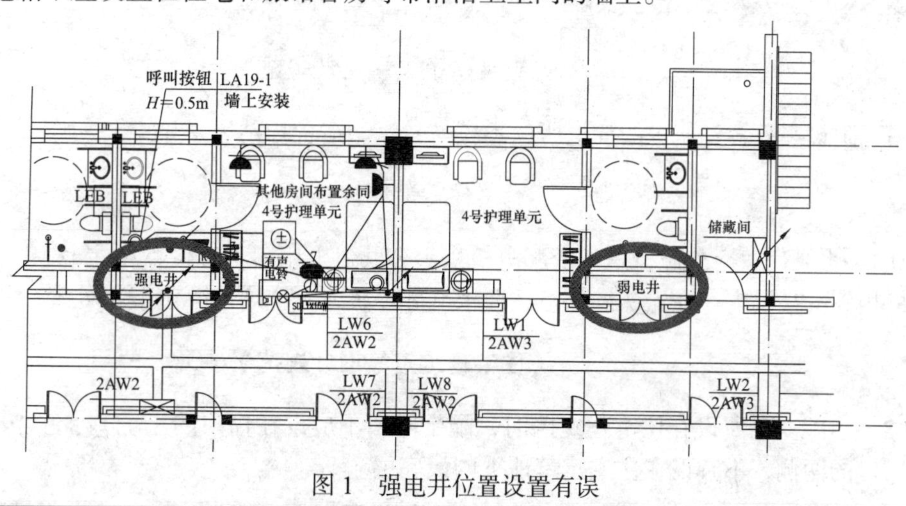

图 1　强电井位置设置有误

问题描述

问题 3 变配电室的设置对周围环境有何影响

在设计时，遇到变配电室四周和上下方设有不能接受强电磁干扰、强震动、强噪声的生活和设备的房间，应采取何种措施？

相关标准

《火灾自动报警系统设计规范》

3.4.7 消防控制室不应设置在电磁场干扰较强及其他可能影响消防控制设备工作的设备用房附近。

《建筑设计防火规范》

8.1.7 设置火灾自动报警系统和需要联动控制的消防设备的建筑（群）应设置消防控制室。消防控制室的设置应符合下列规定：

3 不应设置在电磁场干扰较强及其他可能影响消防控制设备正常工作的房间附近。

《民用建筑电气设计标准》

4.10.7 当变电所与上、下或贴邻的居住、教室、办公房间仅有一层楼板或墙体相隔时，变电所内应采取屏蔽、降噪等措施。

23 智能化系统机房

23.2.1 机房位置选择应符合下列规定：

3 机房应远离振动源和强噪声源的场所，当不能避免时，应采取有效的隔振、消声和隔声措施；

4 机房应远离强电磁场干扰场所，当不能避免时，应采取有效的电磁屏蔽措施。

《民用建筑设计统一标准》

8.3.1 民用建筑物内设置的变电所应符合下列规定：

1 变电所位置的选择应符合下列规定：

5）变压器室、高压配电室、电容器室，不应在教室、居室的直接上、下层及贴邻处设置；当变电所的直接上、下层及贴邻处设置病房、客房、办公室、智能化系统机房时，应采取屏蔽、降噪等措施。

《老年人照料设施建筑设计标准》

6.5.3 老年人照料设施的老年人居室和老年人休息室不应与电梯井道、有噪声振动的设备机房等相邻布置。

《教育建筑电气设计规范》

4.3.3 附设在教育建筑内的变电所，不应与教室、宿舍相贴邻。

《住宅设计规范》

6.10.3 水泵房、冷热源机房、变配电机房等公共机电用房不宜设置在住宅主体建筑内，不宜设置在与住户相邻的楼层内，在无法满足上述要求贴邻设置时，应增加隔声减振处理。

《住宅建筑电气设计规范》

4.2.2 当配变电所设在住宅建筑内时，配变电所不应设在住户的正上方、正下方、贴邻和住宅建筑疏散出口的两侧，不宜设在住宅建筑地下的最底层。

相关标准	**《宿舍建筑设计规范》** 5.1.2　柴油发电机房、变配电室和锅炉房等不应布置在宿舍居室、疏散楼梯间及出入口门厅等部位的上一层、下一层或贴邻，并应采用防火墙与相邻区域进行分隔。 **《医疗建筑电气设计规范》** 4.3.1　配电系统设计应符合下列规定： 2　配变电所选址应深入或接近负荷中心，并不应与诊疗设备用房、电气信息系统机房、病房等相贴邻； 4.4.4　柴油发电机房不宜与诊疗设备用房、住院部、电子信息系统机房等贴邻。当受条件限制而贴邻时，应采取机组消声及机房隔声等综合治理措施，治理后的环境噪声不应超过城市区域环境噪声1类标准的规定，且机组的排烟不应对诊疗构成影响。
问题解析	1. 在变电所设计时，设计人员应注意变电所周围是否含有上述标准中注明的场所或房间，应尽量避免与这些场所贴邻，有条件时，可建议不在此处设置此类场所或房间；确实无法避免与部分场所或房间贴邻，可按上述相应标准要求采取相应的屏蔽、隔声、减振措施。 2. 上述标准中对消防控制室、老年人居室和老年人休息室、教育建筑内的教室和宿舍等的要求为强制性条文，必须严格执行。

问题描述	**问题 4　电动机未设置就地控制装置** 1. 远方控制的电动机没有就地控制和解除远方控制的措施。 2. 事故通风机没有就地控制的措施。
相关标准	**《通用用电设备配电设计规范》** 2.5.4　自动控制或连锁控制的电动机应有手动控制和解除自动控制或连锁控制的措施；远方控制的电动机应有就地控制和解除远方控制的措施；当突然起动可能危及周围人员安全时，应在机械旁装设起动预告信号和应急断电控制开关或自锁式停止按钮。 **《民用建筑供暖通风与空气调节设计规范》** 6.3.9　事故通风应符合下列规定： 2　事故通风应根据放散物的种类，设置相应的检测报警及控制系统。事故通风的手动控制装置应在室内外便于操作的地点分别设置。
问题解析	1. 控制箱、操作箱不在电动机安装区域范围内时，应有就地控制和解除远方控制的措施。如屋顶平台上的设备通常没有机旁操作箱，此时应在机旁设手动启停按钮和解除远方控制或断开主电源的措施，保证设备运行和检修时操作人员的安全。 2. 事故风机应在事故区域内、外设置手动控制装置。如燃气表间须在其门里、门外设置手动按钮，保证操作人员可以不进入燃气表间就能操作事故风机启停，也能在燃气表间内随时操作事故风机启停。应注意燃气表间内电气设备及管线均应按防爆要求设计。

问题描述	**问题 5　居住建筑单元未设置光纤到户设备需要的电源** 为满足光纤到户要求，需在居住建筑住户智能化户箱设置 220V 电源。
相关标准	**《综合布线系统工程设计规范》** 4.1.1　在公用电信网络已实现光纤传输的地区，建筑物内设置用户单元时，通信设施工程必须采用光纤到用户单元的方式建设。 **《住宅区和住宅建筑内光纤到户通信设施工程设计规范》** 1.0.4　在公用电信网络已实现光纤传输的县级及以上城区，新建住宅区和住宅建筑的通信设施应采用光纤到户方式建设。
问题解析	为满足光纤到户要求，一般需在居住建筑住户智能化户箱进行光电转换，其他智能化设备也可能需要电源，因此，应在居住建筑住户智能化户箱内设置 220V 电源。

问题描述	**问题 6　配电箱违反规范要求，暗装在人防墙上** 将非人防区配电箱设置在人防墙上时，不能使用暗装的方法。
相关标准	**《人民防空地下室设计规范》** 7.3.4　防空地下室内的各种动力配电箱、照明箱、控制箱，不得在外墙、临空墙、防护密闭隔墙、密闭隔墙上嵌墙暗装。若必须设置时，应采取挂墙式明装。
问题解析	《人民防空地下室设计规范》第 7.3.4 条规定了人防区内的各种动力配电箱、照明箱、控制箱的安装要求，人防区外的人防临空墙上也应执行相同的要求，各种动力配电箱、照明箱、控制箱不能暗装在人防区外侧的人防墙上，否则同样会破坏人防墙的防护功能。

问题描述	**问题 7　装配式建筑电气平面图表示不完整、不准确** 建筑物为装配式建筑，在工程概况中未说明本建筑是否是装配式建筑；在设计说明中未明确针对装配式电气设施的具体要求；平面图未注明相应要求，未按《建筑工程设计文件编制规定（2016 年版）》深度要求设计。
相关标准	**《建筑工程设计文件编制深度规定（2016 年版）》** 4.5.14　当采用装配式建筑技术设计时，应明确装配式建筑设计电气专项内容： 1）明确装配式建筑电气设备的设计原则及依据。 2）对预埋在建筑预制墙及现浇墙内的电气预埋箱、盒、孔洞、沟槽及管线等要有做法标注及详细定位。 3）预埋管、线、盒及预留孔洞、沟槽及电气构件间的连接做法。 4）墙内预留电气设备时的隔声及防火措施；设备管线穿过预制构件部位采取相应的防水、防火、隔声、保温等措施。 5）采用预制结构柱内钢筋作为防雷引下线时，应绘制预制结构柱内防雷引下线间连接大样，标注所采用防雷引下线钢筋、连接件规格以及详细做法。 **《建筑设计防火规范》** 6.2.9　建筑内的电梯井等竖井应符合下列规定： 3　建筑内的电缆井、管道井应在每层楼板处采用不低于楼板耐火极限的不燃材料或防火封堵材料封堵。 建筑内的电缆井、管道井与房间、走道等相连通的孔隙应采用防火封堵材料封堵。 **《住宅建筑规范》** 7.1.4　水、暖、电、气管线穿过楼板和墙体时，孔洞周边应采取密封隔声措施。 **《建筑物防雷设计规范》** 4.3.5　利用建筑物的钢筋作为防雷装置时，应符合下列规定： 6　构件内有箍筋连接的钢筋或成网状的钢筋，其箍筋与钢筋、钢筋与钢筋应采用土建施工的绑扎法、螺丝、对焊或搭焊连接。单根钢筋、圆钢或外引预埋连接板、线与构件内钢筋应焊接或采用螺栓紧固的卡夹器连接。构件之间必须连接成电气通路。 **《装配式混凝土建筑技术标准》** 7.4.2　装配式混凝土建筑的电气和智能化设备与管线设置及安装应符合下列规定： 4　设置在预制构件上的接线盒、连接管等应做预留，出线口和接线盒应准确定位； 5　不应在预制构件受力部位和节点连接区域设置孔洞及接线盒，隔墙两侧的电气和智能化设备不应直接连通设置。

问题解析	1. 装配式建筑电气平面图中对预埋在建筑结构预制墙内的电气预埋箱、盒、孔洞、沟槽及管线等，要有做法标注及详细定位。 2. 装配式建筑电气平面图中墙内预留电气设备应满足隔声及防火措施要求，隔墙两侧的电气和智能化设备不应连通设置，设备管线穿过预制构件部位时，应采取相应的防水、防火、隔声、保温等措施，不应在预制构件受力部位和节点连接区域设置孔洞及接线盒。 3. 采用预制结构柱内钢筋作为防雷引下线时，应绘制预制结构柱内防雷引下线间连接大样，标注所采用防雷引下线钢筋、连接件规格以及详细做法。 4. 设计时，应满足《建筑工程设计文件编制深度规定（2016 年版）》第 4.5.14 条装配式建筑电气设计深度要求，并满足上述各强制条文的要求。 5. 在设计说明中，应按《建筑工程设计文件编制深度规定（2016 年版）》第 4.5.14 条要求明确装配式建筑设计电气专项内容。 6. 在预制内墙板、外墙板的门窗过梁钢筋锚固区内，不应埋设电气接线盒。 7. 隔墙两侧的电气和智能化设备不应连通设置。

<table>
<tr><td>问题描述</td><td>

问题1　照明平面图中的应急备用照明设计有误

1. 经常出现设计人员将火灾时需坚持工作的配电室（间）、消防电梯机房等处的排风扇，接入本房间应急备用照明回路的情况。

2. 经常出现设计人员将火灾时不需工作的非消防设备用房（如人防区内集气室、滤毒室、战时水箱间、防化器材储藏室等）的照明，接入应急备用照明回路的情况。

3. 人防区域内的消防设备用房应急备用照明电源如何选取。

</td></tr>
<tr><td>相关标准</td><td>

《建筑设计防火规范》

10.1.6　消防用电设备应采用专用的供电回路，当建筑内的生产、生活用电被切断时，应仍能保证消防用电。

10.3.3　消防控制室、消防水泵房、自备发电机房、配电室、防排烟机房以及发生火灾时仍需正常工作的消防设备房应设置备用照明，其作业面的最低照度不应低于正常照明的照度。

</td></tr>
<tr><td>问题解析</td><td>

1. 配电室（间）、消防电梯机房等处的排风扇不是消防设备，不应与应急备用照明同回路，防止排风扇故障影响应急备用照明的使用。

2. 人防区内集气室、滤毒室、战时水箱间、防化器材储藏室等不是消防设备用房，其照明不属于消防负荷，不应采用消防电源供电。

3. 在施工图审查中，经常遇到将消防风机房的照明直接接入消防风机配电箱的情况。在平时，这种接法没有问题，但对于消防、人防混用的风机房则存在问题：由于消防风机战时不会使用，通常设计的消防风机配电箱不会接入战时区域电源，也不会接入人防内部电源——战时柴油电站或满足战时隔绝防护时间的应急电源供电装置（EPS），在战时，若平时电源无法使用时，消防、人防混用的风机房就会没有人工照明，无法工作，因此，消防、人防混用风机房的照明应接入到人防区域电源或人防内部电源供电的应急照明配电箱。

</td></tr>
</table>

<table>
<tr><td>问题描述</td><td>

问题 2 非疏散出口设置出口标志灯有误

1. 每个防火分区出现少于 2 个门（疏散口）设置出口标志灯时，电气设计人员应核查是否有设置的遗漏。

2. 推拉门、卷帘门、吊门、转门和折叠门上是否可设置出口标志灯？

3. 汽车库的汽车坡道门口是否应设置出口标志灯？汽车通道内是否应设置疏散指示灯？

</td></tr>
<tr><td>相关标准</td><td>

《建筑设计防火规范》

5.5.8 公共建筑内每个防火分区或一个防火分区的每个楼层，其安全出口的数量应经过计算确定，且不应少于 2 个。

6.4.11 建筑内的疏散门应符合下列规定：

1 民用建筑和厂房的疏散门，应采用向疏散方向开启的平开门，不应采用推拉门、卷帘门、吊门、转门和折叠门。

《汽车库、修车库、停车场设计防火规范》

6.0.1 汽车库、修车库的人员安全出口和汽车疏散出口应分开设置。设置在工业与民用建筑内的汽车库，其车辆疏散出口应与其他场所的人员安全出口分开设置。

</td></tr>
<tr><td>问题解析</td><td>

1. 在设计图纸中，通常在每个防火分区，至少有 2 个不挨着的门（疏散口）上设有出口标志灯，如果少于 2 个出口标志灯，就应核查是否有遗漏。防火分区内的疏散指示灯，应在保证最短疏散距离的条件下尽量均衡指向 2 个疏散口。

2. 推拉门、卷帘门、吊门、转门和折叠门等不能用作疏散门，它们不是安全出口，门上不应设出口标志灯，附近疏散指示灯不应指向此处。

3. 汽车库的汽车坡道不是人员疏散通道，其出入口不应设出口标志灯，车库内此口附近的疏散指示灯不应指向此处，汽车通道内也不应设人员疏散指示灯。

</td></tr>
</table>

问题描述

问题 3　连通口设置出口标志灯有误

在建筑设计中，不同功能区域间的门具有连通功能，不具有疏散功能，设置出口标志灯是否有问题？

相关标准

《住宅设计规范》

6.10.4　住宅的公共出入口与附建公共用房的出入口应分开布置。

《住宅建筑规范》

9.1.3　当住宅与其他功能空间处于同一建筑内时，住宅部分与非住宅部分之间应采取防火分隔措施，且住宅部分的安全出口和疏散楼梯应独立设置。

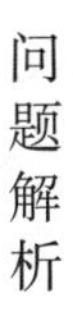

问题解析

1. 在住宅建筑设计中，住宅区域与其他区域（附建公共用房）应被严格分开，不应设置连通口，不应设置出口标志灯。

2. 在其他建筑设计中，不同功能区域各自应有出入口，连通口具有连通功能而非疏散功能，连通口门上不应设出口标志灯（建筑专业另有要求除外），附近疏散指示灯不应指向此处。见图 1 和图 2。

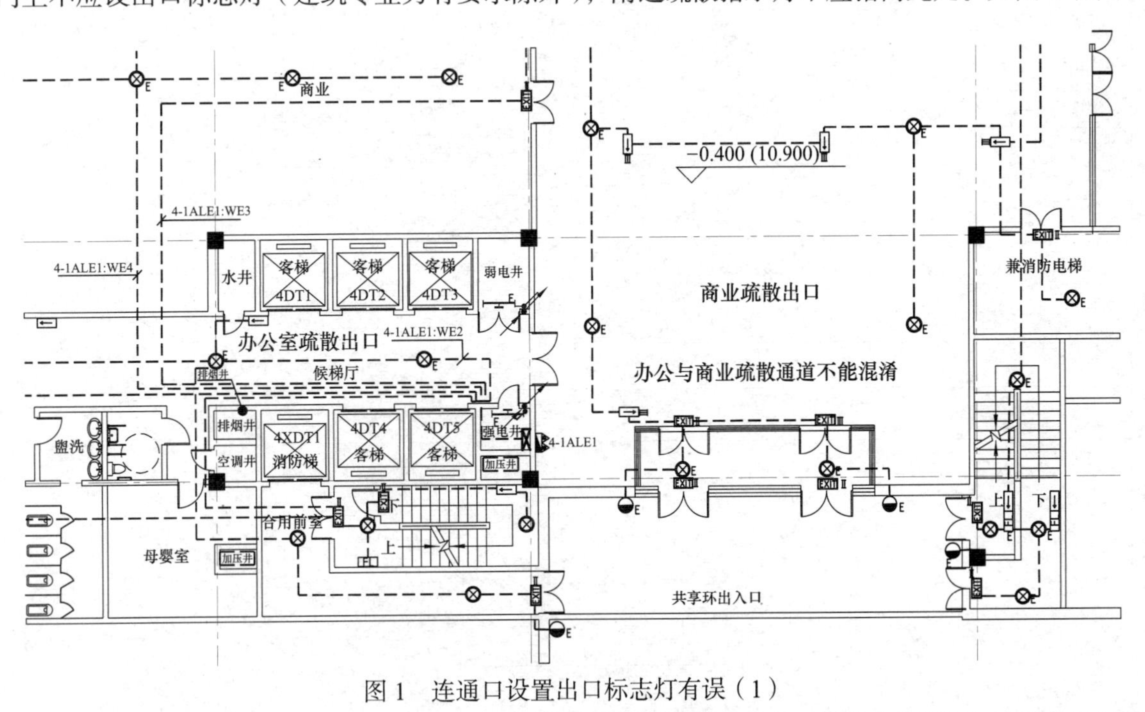

图 1　连通口设置出口标志灯有误（1）

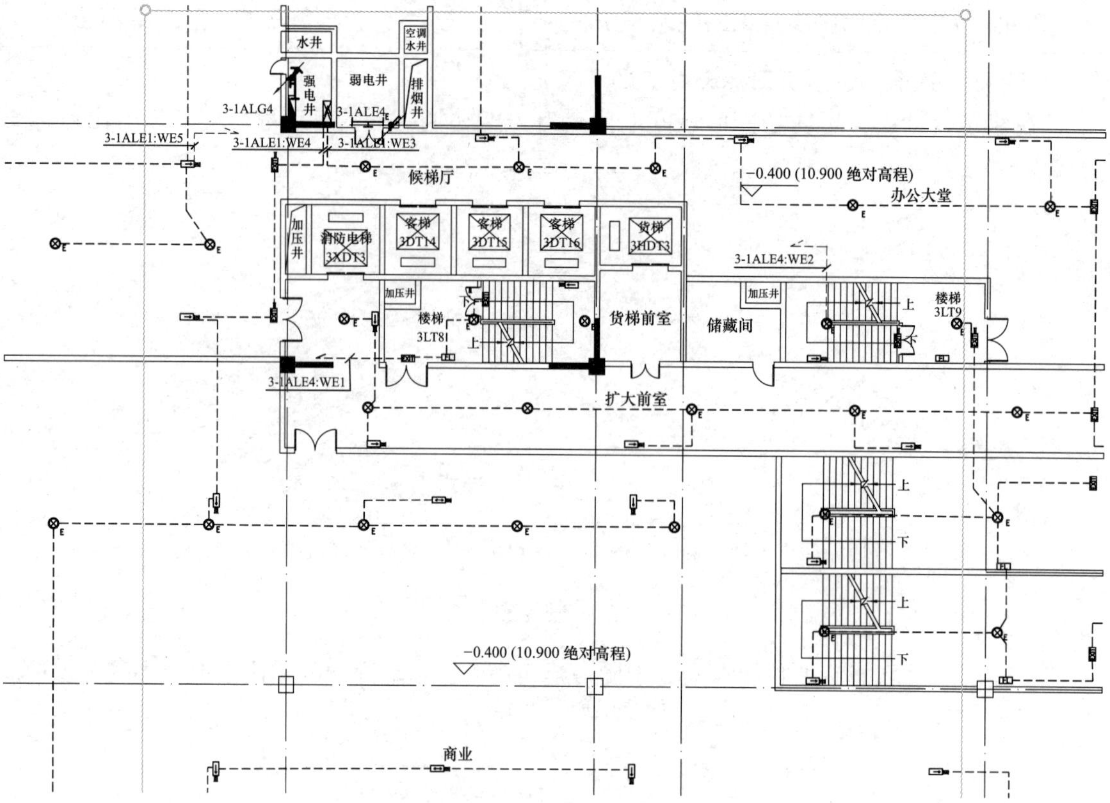

图 2　连通口设置出口标志灯有误（2）

问题解析

问题描述

问题 4　非安全出口设置出口标志灯有误

在楼梯间至顶层平台出口门上，在中间楼层至各层平台出口门上，在地下楼层至下沉式广场出口门上的出口标志灯如何设置？

相关标准

参见建筑专业的相关标准。

问题解析

应与建筑专业设计人员核实楼梯间至顶层平台出口是否为安全出口。中间楼层至各层平台出口应与建筑专业设计人员核实是否为安全出口，或平台是否设有通往地面的安全楼梯。应与建筑专业设计人员核实地下楼层至下沉式广场出口是否为安全出口，或下沉式广场是否设有通往地面的安全楼梯。满足上述条件的出口门上才可设置出口标志灯，附近疏散指示灯才可指向此处。参见图 1 和图 2。

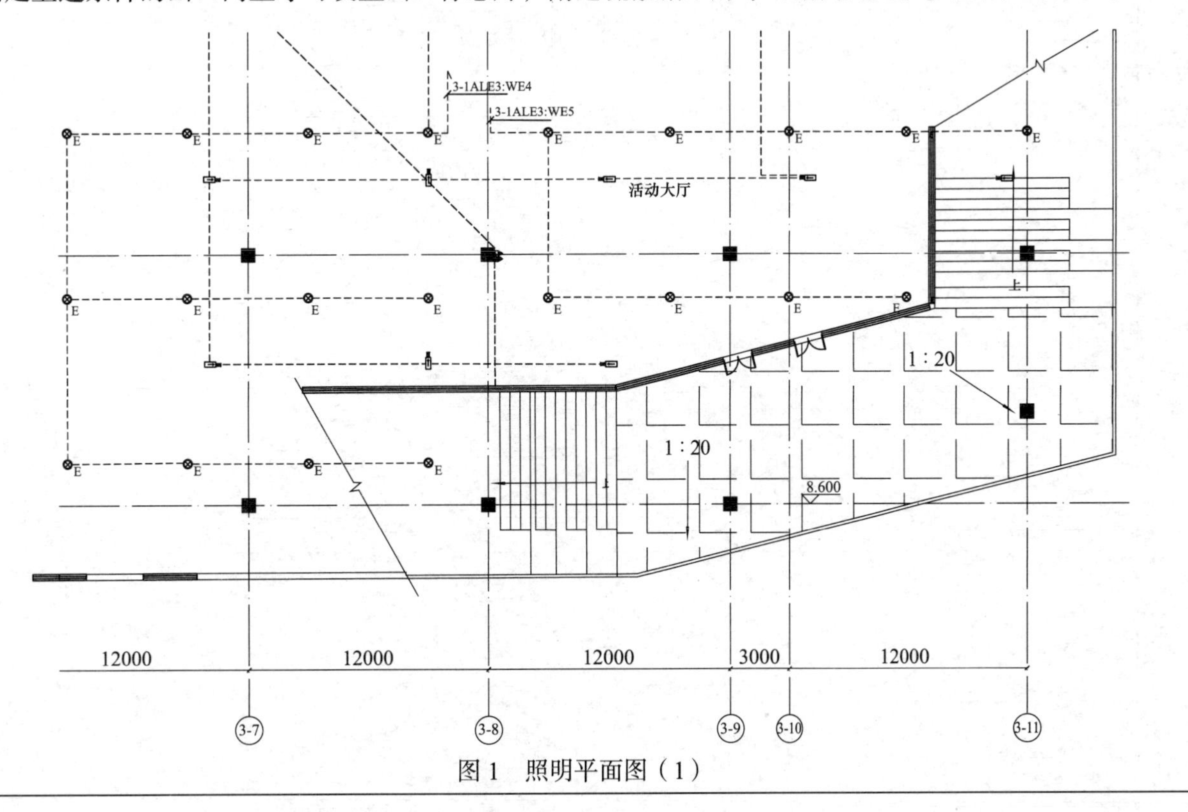

图 1　照明平面图（1）

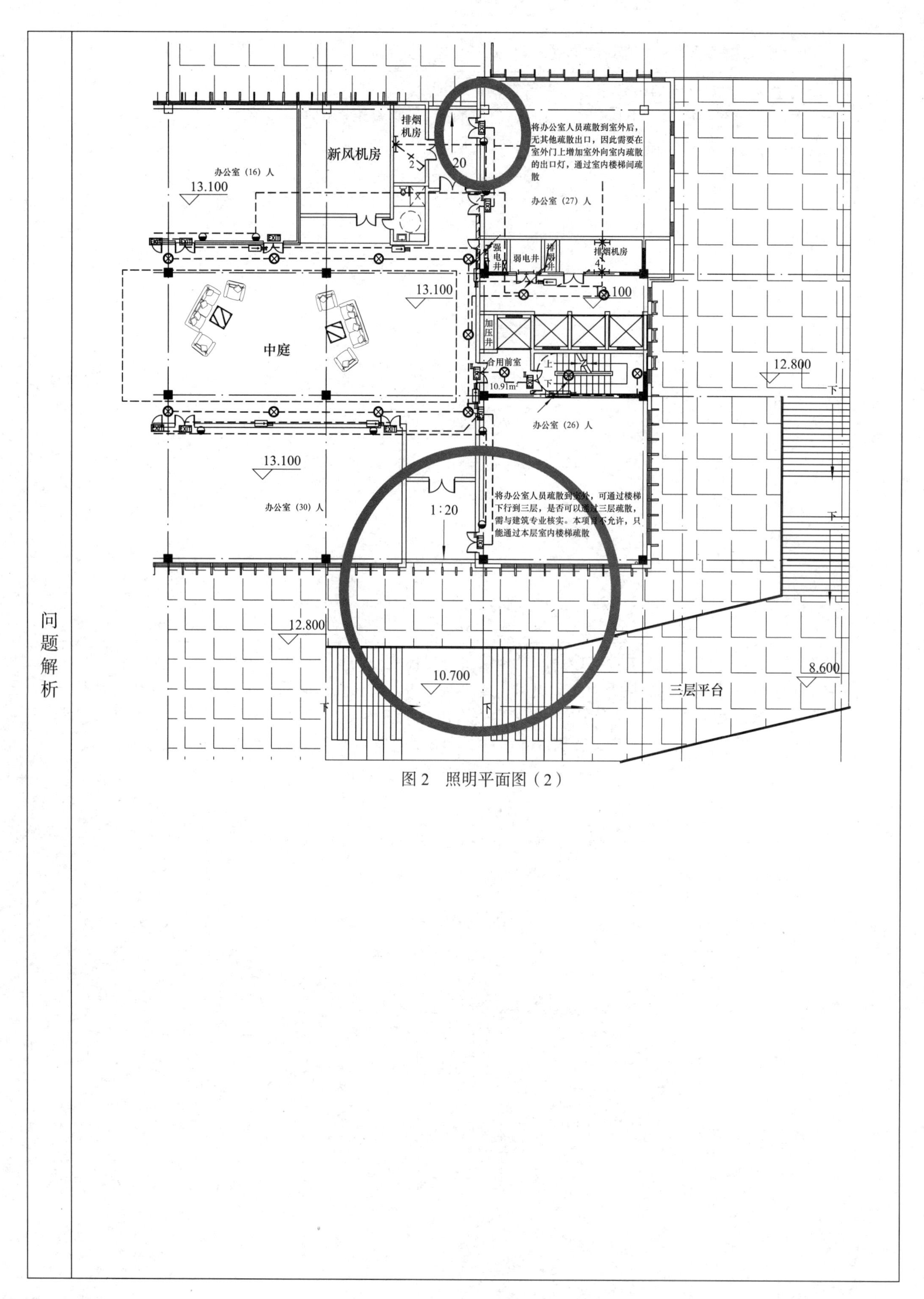

排烟机房
新风机房
20
将办公室人员疏散到室外后，无其他疏散出口，因此需要在室外门上增加室外向室内疏散的出口灯，通过室内楼梯间疏散
办公室（16）人
13.100
办公室（27）人
EXIT
强电井
弱电井
排烟井
排烟机房
13.100
13.100
中庭
加压井
合用前室
10.91m²
上
下
12.800
办公室（26）人
13.100
将办公室人员疏散到室外，可通过楼梯下行到三层，是否可以通过三层疏散，需与建筑专业核实。本项目不允许，只能通过本层室内楼梯疏散
1:20
办公室（30）人
下
12.800
10.700
8.600
三层平台
下

图2　照明平面图（2）

问题描述	**问题 5　疏散走道内疏散指示灯设置有误** 1. 疏散走道转角区域疏散指示标志如何设置？ 2. 疏散门在走道侧边时，疏散指示标志如何设置？
相关标准	**《建筑设计防火规范》** 10.3.5　公共建筑、建筑高度大于 54m 的住宅建筑、高层厂房（仓库）及甲、乙、丙类单、多层厂房，应设置灯光疏散指示标志，并应符合下列规定： 1　应设置在安全出口和人员密集的场所的疏散门的正上方。 2　应设置在疏散走道及其转角处距地面高度 1.0m 以下的墙面或地面上。灯光疏散指示标志间距不应大于 20m；对于袋形走道，不应大于 10m；在走道转角区，不应大于 1.0m。 **《消防安全疏散标志设置标准》（北京市地方标准）** 3.2.3　消防安全疏散标志的设置应符合下列要求： 4　疏散走道转角区域 1m 范围内应设置消防安全疏散标志。 **《消防应急照明和疏散指示系统技术标准》** 3.2.9　方向标志灯的设置应符合下列规定： 1　有维护结构的疏散走道、楼梯应符合下列规定： 1）应设置在走道、楼梯两侧距地面、梯面高度 1m 以下的墙面、柱面上； 2）当安全出口或疏散门在疏散走道侧边时，应在疏散走道上方增设指向安全出口或疏散门的方向标志灯。
问题解析	1. 疏散走道转角区域 1m 范围内应设置消防安全疏散标志。 2. 当安全出口或疏散门在疏散走道的侧边时，应在疏散走道上方增设指向安全出口或疏散门的方向标志灯。 在图 1 照明平面图中上述两个要求未达到。

问题解析

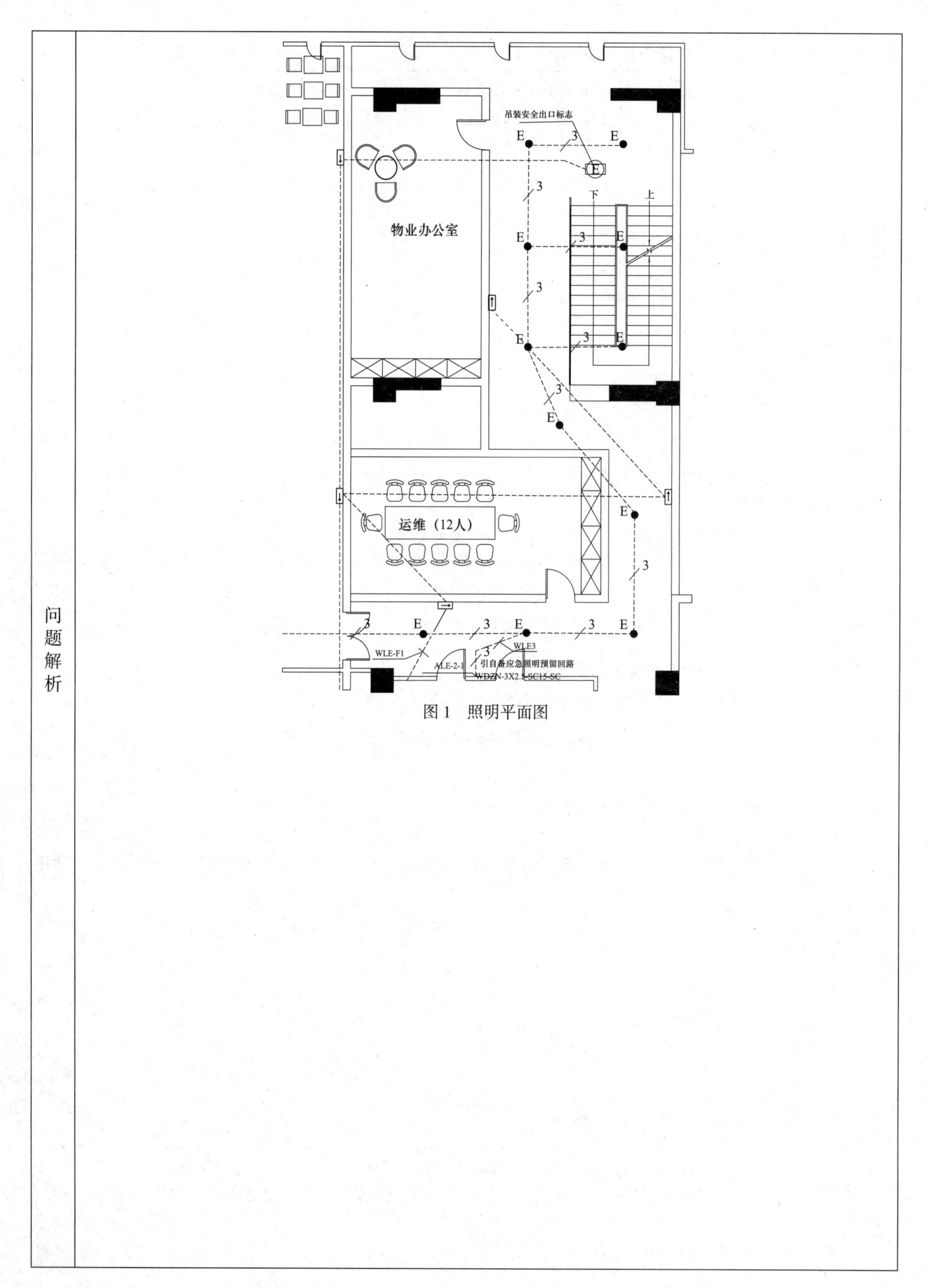

图1　照明平面图

问题描述

问题 6　并排设置的安全出口、疏散出口的出口标志灯设置不完整、不准确

并排设置的安全出口、疏散出口的出口标志灯应如何设置?

相关标准

《建筑设计防火规范》

10.3.5　公共建筑、建筑高度大于 54m 的住宅建筑、高层厂房（仓库）及甲、乙、丙类单、多层厂房，应设置灯光疏散指示标志，并应符合下列规定：

1　应设置在安全出口和人员密集的场所的疏散门的正上方。

《消防安全疏散标志设置标准》（北京市地方标准）

3.2.3　消防安全疏散标志的设置应符合下列要求：

2　安全出口和疏散出口标志应设在靠近其出口一侧的门上方或门洞两侧的墙面上，标志的下边缘距门的上边缘不宜大于 0.3m。

《消防应急照明和疏散指示系统技术标准》

3.2.8　出口标志灯的设置应符合下列规定：

2　地下或半地下建筑（室）与地上建筑共用楼梯间时，应设置在地下或半地下楼梯通向地面层疏散门的上方；

4　应设置在直通室外疏散门的上方；

5　在首层采用扩大的封闭楼梯间或防烟楼梯间时，应设置在通向楼梯间疏散门的上方；

8　需要借用相邻防火分区疏散的防火分区中，应设置在通向被借用防火分区甲级防火门的上方；

9　应设置在步行街两侧商铺通向步行街疏散门的上方；

11　应设置在观众厅、展览厅、多功能厅和建筑面积大于 $400m^2$ 的营业厅、餐厅、演播厅等人员密集场所疏散门的上方。

《民用建筑电气设计标准》

13.2.3　消防应急照明系统包括疏散照明和备用照明。消防疏散通道应设置疏散照明，火灾时供消防作业及救援人员继续工作的场所，应设置备用照明。其设置应符合下列规定：

2　设置疏散照明的民用建筑、应沿疏散走道和安全出口、人员密集场所的疏散门正上方设置灯光疏散指示标志。

问题解析

1. 出口标志灯应当设置在安全出口或疏散出口门的上方，每个门的上方。

图 1 中有两处设计均未达到要求：一个是出口标志灯设置在两个门的中间，是门框上方，不是门上方；另一个是出口标志灯设置在三个门的中间一个门的上方，两侧的两个门未设置出口标志灯，但是这些并排的门均为安全出口或疏散出口，作用是相同的，而且每个门的作用与单独设置的安全门或疏散门没有区别。

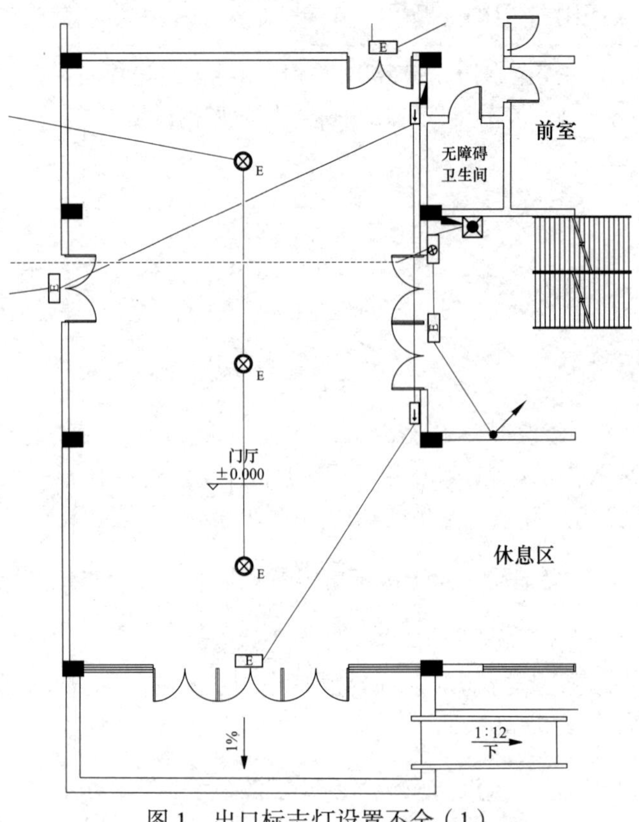

图1　出口标志灯设置不全（1）

问题解析

2. 图2和图3中的出口标志灯设置符合要求（图3中家具布置有问题，应与建筑专业设计人员核实）。并排的门设置并排的出口标志灯是向疏散者明确告知这些门后都是安全的，是相同的。若三个并排门仅中间一个门的上方设置出口标志灯，疏散者不了解两侧的门是否安全，会引导大家都去中间门疏散，造成不必要的拥挤。

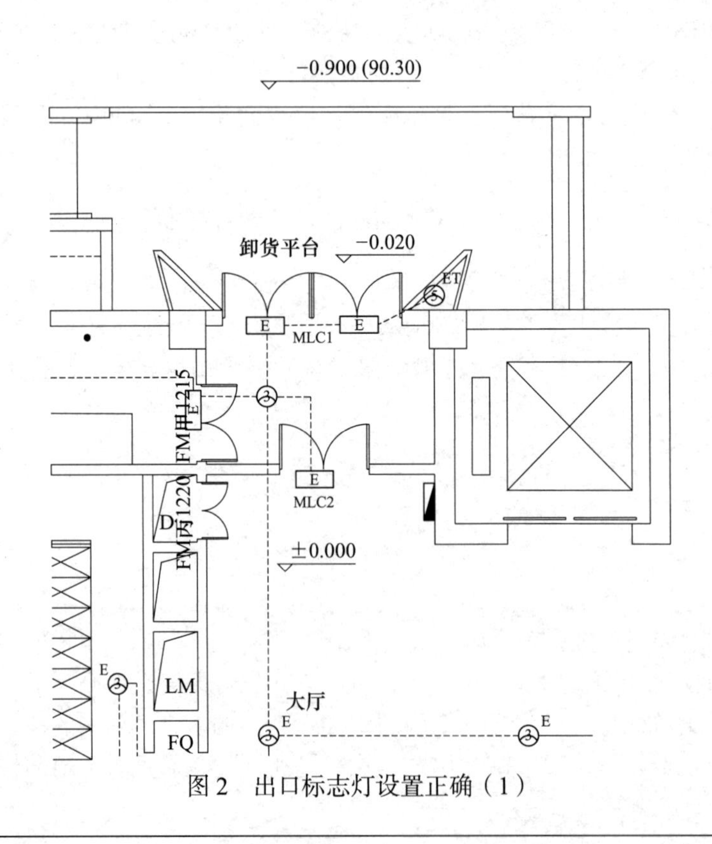

图2　出口标志灯设置正确（1）

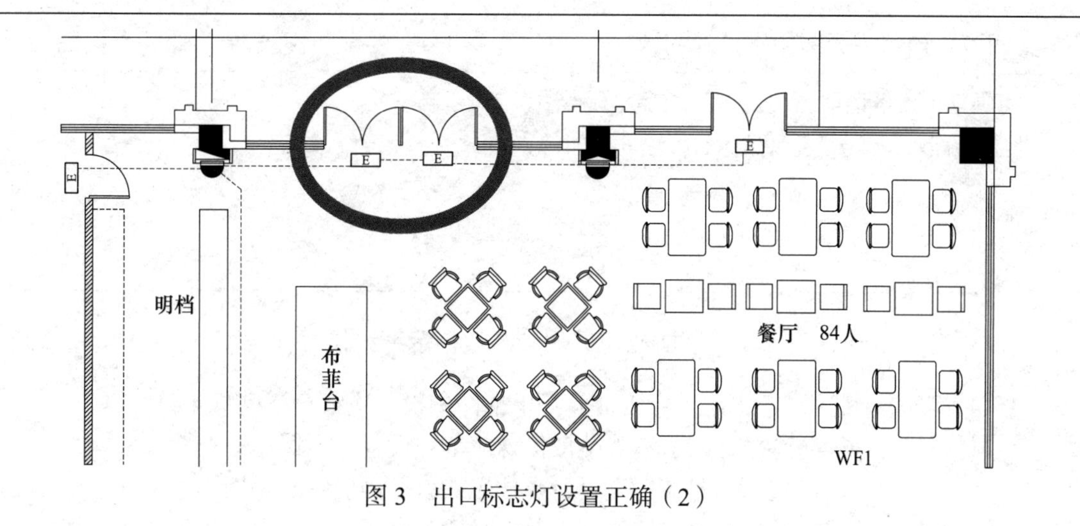

图3 出口标志灯设置正确（2）

问题解析

问题描述

问题 7　疏散照明配电回路不应跨区配电

竖向疏散区域消防应急灯具配电回路如何设计。

相关标准

《消防应急照明和疏散指示系统技术标准》

3.3.4　竖向疏散区域（消防应急）灯具配电回路的设计应符合下列规定：

1　封闭楼梯间、防烟楼梯间、室外疏散楼梯应单独设置配电回路；

2　敞开楼梯间内设置的灯具应由灯具所在楼层或就近楼层的配电回路供电；

3　避难层和避难层连接的下行楼梯间应单独设置配电回路。

问题解析

竖向疏散区域消防应急灯具配电回路的设计应符合《消防应急照明和疏散指示系统技术标准》第 3.3.4 条的规定。

在图 1 中，某建筑某楼层疏散区域照明设计不满足规范要求。

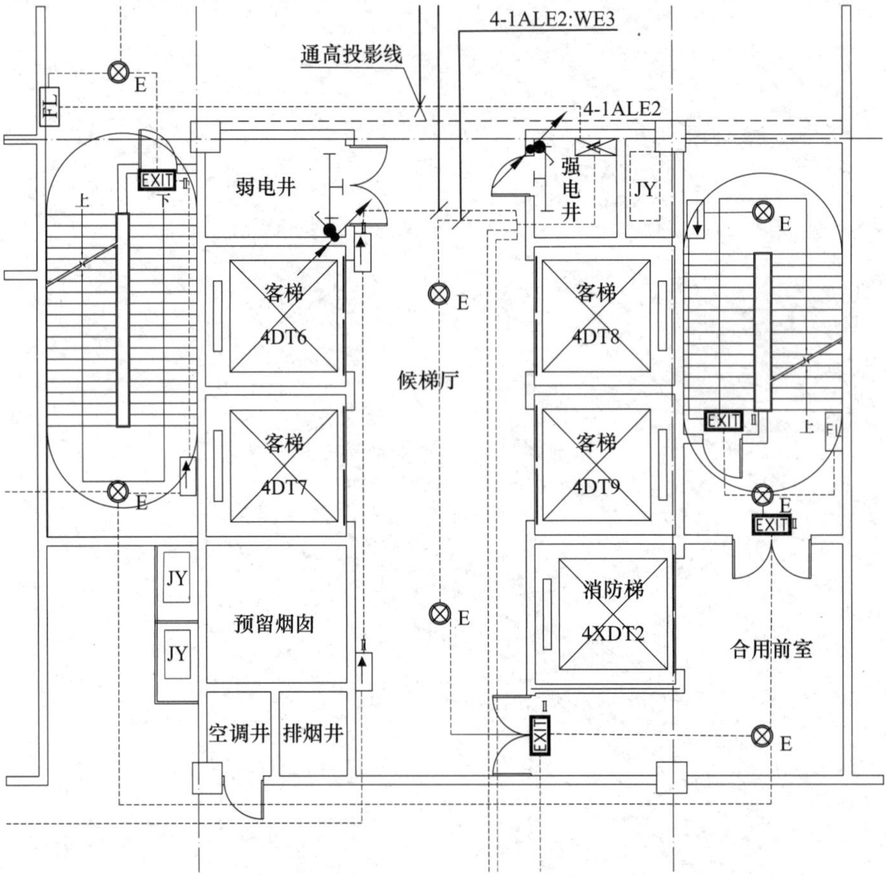

图 1　照明平面图

<table>
<tr><td>问题描述</td><td>问题 8　地面上设置的保持视觉连续的疏散指示标志灯不完整、不准确
哪些场所需设置地面疏散导流标志？</td></tr>
<tr><td>相关标准</td><td>
《建筑设计防火规范》
10.3.6　下列建筑或场所应在疏散走道和主要疏散路径的地面上增设能保持视觉连续的灯光疏散指示标志或蓄光疏散指示标志：
1　总建筑面积大于 8000m² 的展览建筑；
2　总建筑面积大于 5000m² 的地上商店；
3　总建筑面积大于 500m² 的地下或半地下商店；
4　歌舞娱乐放映游艺场所；
5　座位数超过 1500 个的电影院、剧场，座位数超过 3000 个的体育馆、会堂或礼堂；
6　车站、码头建筑和民用机场航站楼中建筑面积大于 3000m² 的候车、候船厅和航站楼的公共区。
《消防应急照明和疏散指示系统技术标准》
3.2.1　（消防应急）灯具的选择应符合下列规定：
2　不应采用蓄光型指示标志替代消防应急标志灯具。
3.2.9　方向标志灯的设置应符合下列规定：
3　保持视觉连续的方向指示灯应符合下列规定：
1）应设置在疏散走道、疏散通道地面的中心位置；
2）灯具的设置间距不应大于 3m。
《消防安全疏散标志设置标准》（北京市地方标准）
3.2.4　下列建筑或场所应在其疏散走道和主要疏散路线增设消防疏散导流标志：
1　总建筑面积大于 8000m² 的展览建筑；
2　总建筑面积大于 5000m² 的地上商店；
3　总建筑面积大于 500m² 的地下、半地下商店；
4　歌舞娱乐放映游艺场所；
5　总座位数超过 1200 个电影院；特等、甲等或超过 1500 个座位的其他等级的剧院；超过 2000 个座位的会堂或礼堂；超过 3000 个座位的体育馆；
6　车站、码头、机场候机楼、轨道交通的室内换乘站站厅层和站台层。
《民用建筑电气设计标准》
13.2.3　消防应急照明系统包括疏散照明和备用照明。消防疏散通道应设置疏散照明，火灾时供消防作业及救援人员继续工作的场所，应设置备用照明。其设置应符合下列规定：
3　下列建筑或场所应在其内疏散走道和主要疏散路线的地面上增设能保持视觉连续的灯光疏散指示标志，当设置蓄光疏散标志时，只能作为灯光疏散指示标志的补充：
1）座位数超过 1500 个的电影院、剧院，座位数超过 3000 个的体育馆，座位数超过 2000 个的会馆或礼堂，座位数超过 20000 个的体育场；
2）地铁站、火车站、长途客运站、船运码头和机场航站楼中大于 3000m² 的候车、候船、候机大厅。
</td></tr>
<tr><td>问题解析</td><td>1.《消防应急照明和疏散指示系统技术标准》第 3.2.1 条第 2 款规定：不应采用蓄光型指示标志替代消防应急标志灯具。当地面上的导流疏散标志作为主要疏散标志时，不应采用蓄光型疏散指示标志；另外，满足不了蓄光材料吸收光照储能要求的场所，也不适合采用蓄光型疏散指示标志。
2. 地面导流疏散标志应满足连续指示要求，应一直安装至疏散出口或安全出口处。</td></tr>
</table>

问题描述

问题 9 特殊场所照明线路未采取防触电保护措施

净空小于 2.5m 的设备夹层、电缆夹层的照明以及其他场所安装高度低于 2.5m 的照明灯具、电梯井道照明灯具等的电源与普通照明电源是否有区别？

相关标准

《低压配电设计规范》

5.1.12 额定剩余动作电流不超过 30mA 的剩余电流动作保护器，可作为其他直接接触防护措施失效或使用者疏忽时的附加防护，但不能单独作为直接接触防护措施。

5.2.1 对于未按现行国家标准《低压电气装置 第 4-41 部分：安全防护 电击防护》GB 16895.21 的规定采用下列间接接触防护措施者，应采用本节所规定的防护措施：

1 采用Ⅱ类设备；

2 采取电气分隔措施；

3 采用特低电压供电；

4 将电气设备安装在非导电场所内；

5 设置不接地的等电位联结。

问题解析

1. 净空小于 2.5m 的设备夹层、电缆夹层的照明以及其他场所安装高度低于 2.5m 的照明灯具电源与普通照明电源须有区别，应采取直接和间接接触防护措施。应采用特低电压供电或设置不超过 30mA 的剩余电流动作保护器等措施。在系统图中，明确采用有上述保护措施的、单独的、区别于普通照明电源的回路。

2. 电梯轿厢在井道中可在任何楼层停留，电梯井道照明灯具与进入井道的检修人员之间随时存在净空小于 2.5m 的情况，因此，必须采取上述直接和间接接触防护措施。

编者注：《低压电气装置 第 4-41 部分：安全防护 电击防护》GB 16895.21—2011 已由《低压电气装置 第 4-41 部分：安全防护 电击防护》GB/T 16895.21—2020 替代。

问题描述

问题 10 消防站照明设计不满足标准要求

消防站内应急照明设计有什么特殊要求?

相关标准

《城市消防站设计规范》

6.5.2 消防站应设置正常照明和应急照明两种系统，并应符合下列规定:

2 备勤室、车库、通信室、体能训练室、会议室、图书阅览室、餐厅及公共通道等应设置应急照明;

3 公共走道、楼梯间应设疏散指示灯和出口指示灯;

4 通向车库通道的所有照明灯具在报警响起时应能自动开启。

6.5.4 消防站内必须设有警铃，并应在车库大门一侧安装车辆出动的警灯和警铃。

问题解析

1. 图 1 的消防站车库照明平面图中，在消防站车库大门一侧安装了车辆出动的警灯和警铃。

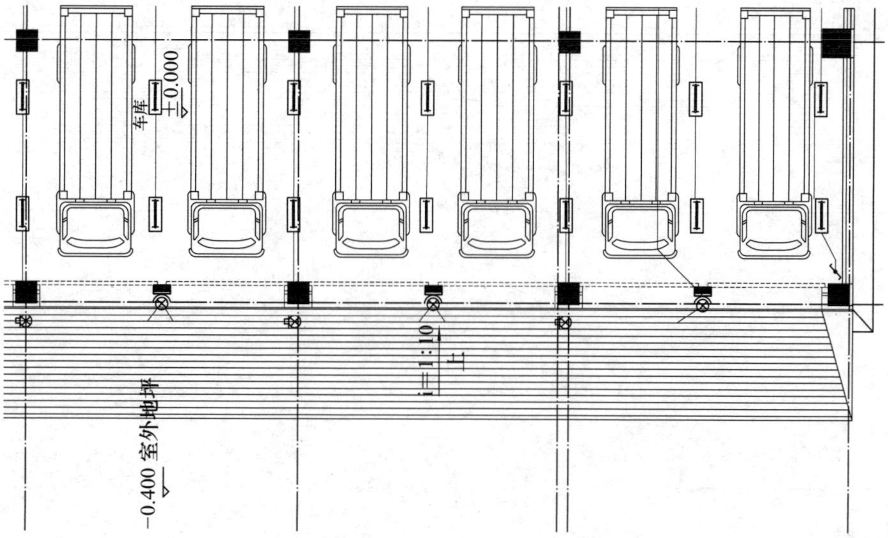

图 1 消防站车库照明平面图

问题解析	2. 图 2 为在消防站照明配电箱系统图中，标明了通向车库通道照明灯具的照明回路联锁报警信号控制线路，在报警时点亮这些照明灯具。 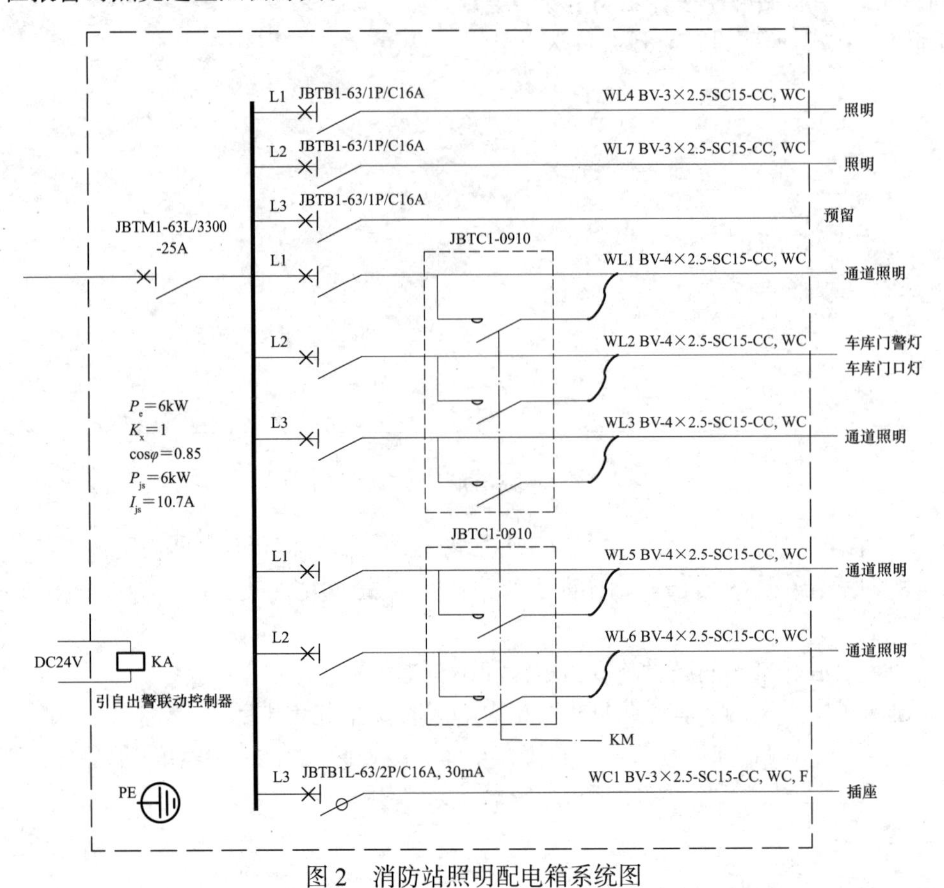 图 2　消防站照明配电箱系统图

<table>
<tr><td colspan="2">第四章　电气平面图中常见的问题</td><td>第四节　防雷接地平面图</td></tr>
<tr><td>问题描述</td><td colspan="2">问题 1　防雷接地平面图中接闪器、引下线的设计不完整、不准确
1. 防雷平面图中接闪器应采用易受雷击的部位敷设
2. 当建筑物高度超过 45m（第二类防雷建筑物）或 60m（第三类防雷建筑物）时，应增设防侧击雷设计。
3. 对防雷引下线间距，如何设计？</td></tr>
<tr><td>相关标准</td><td colspan="2">《建筑物防雷设计规范》
4.3　第二类防雷建筑物的防雷措施
4.3.1　第二类防雷建筑物外部防雷的措施，宜采用装设在建筑物上的接闪网、接闪带或接闪杆，也可采用由接闪网、接闪带或接闪杆混合组成的接闪器。接闪网、接闪带应按本规范附录 B 的规定沿屋角、屋脊、屋檐和檐角等易受雷击的部位敷设，并应在整个屋面组成不大于 10m×10m 或 12m×8m 的网格；当建筑物高度超过 45m 时，首先应沿屋顶周边敷设接闪带，接闪带应设在外墙外表面或屋檐边垂直面上，也可设在外墙外表面或屋檐边垂直面外。接闪器之间应互相连接。
4.3.3　专设引下线不应少于 2 根，并应沿建筑物四周和内庭院四周均匀对称布置，其间距沿周长计算不应大于 18m。当建筑物的跨度较大，无法在跨距中间设引下线时，应在跨距两端设引下线并减小其他引下线的间距，专设引下线的平均间距不应大于 18m。
4.3.9　高度超过 45m 的建筑物，除屋顶的外部防雷装置应符合本规范第 4.3.1 条的规定外，尚应符合下列规定：
1　对水平突出外墙的物体，当滚球半径 45m 球体从屋顶周边接闪带外向地面垂直下降接触到突出外墙的物体时，应采取相应的防雷措施。
2　高于 60m 的建筑物，其上部占高度 20% 并超过 60m 的部位应防侧击，防侧击应符合下列规定：
1）在建筑物上部占高度 20% 并超过 60m 的部位，各表面上的尖物、墙角、边缘、设备以及显著突出的物体，应按屋顶上的保护措施处理。
2）在建筑物上部占高度 20% 并超过 60m 的部位，布置接闪器应符合对本类防雷建筑物的要求，接闪器应重点布置在墙角、边缘和显著突出的物体上。
3）外部金属物，当其最小尺寸符合本规范第 5.2.7 条第 2 款的规定时，可利用其作为接闪器，还可利用布置在建筑物垂直边缘处的外部引下线作为接闪器。
4）符合本规范第 4.3.5 条规定的钢筋混凝土内钢筋和符合本规范第 5.3.5 条规定的建筑物金属框架，当作为引下线或与引下线连接时，均可利用其作为接闪器。
3　外墙内、外竖直敷设的金属管道及金属物的顶端和底端，应与防雷装置等电位连接。
4.4　第三类防雷建筑物的防雷措施
4.4.1　第三类防雷建筑物外部防雷的措施宜采用装设在建筑物上的接闪网、接闪带或接闪杆，也可采用由接闪网、接闪带和接闪杆混合组成的接闪器。接闪网、接闪带应按本规范附录 B 的规定沿屋角、屋脊、屋檐和檐角等易受雷击的部位敷设，并应在整个屋面组成不大于 20m×20m 或 24m×16m 的网格；当建筑物高度超过 60m 时，首先应沿屋顶周边敷设接闪带，接闪带应设在外墙外表面或屋檐边垂直面上，也可设在外墙外表面或屋檐边垂直面外。接闪器之间应互相连接。
4.4.3　专设引下线不应少于 2 根，并应沿建筑物四周和内庭院四周均匀对称布置，其间距沿周长计算不应大于 25m。当建筑物的跨度较大，无法在跨距中间设引下线时，应在跨距两端设引下线并减小其他引下线的间距，专设引下线的平均间距不应大于 25m。
4.4.8　高度超过 60m 的建筑物，除屋顶的外部防雷装置应符合本规范第 4.4.1 条的规定外，尚应符合下列规定：
1　对水平突出外墙的物体，当滚球半径 60m 球体从屋顶周边接闪带外向地面垂直下降接触到突出外墙的物体时，应采取相应的防雷措施。</td></tr>
</table>

<table>
<tr><td>相关标准</td><td>
2　高于60m的建筑物，其上部占高度20%并超过60m的部位应防侧击，防侧击应符合下列规定：
1）在建筑物上部占高度20%并超过60m的部位，各表面上的尖物、墙角、边缘、设备以及显著突出的物体，应按屋顶的保护措施处理。
2）在建筑物上部占高度20%并超过60m的部位，布置接闪器应符合对本类防雷建筑物的要求，接闪器应重点布置在墙角、边缘和显著突出的物体上。
3）外部金属物，当其最小尺寸符合本规范第5.2.7条第2款的规定时，可利用其作为接闪器，还可利用布置在建筑物垂直边缘处的外部引下线作为接闪器。
4）符合本规范第4.4.5条规定的钢筋混凝土内钢筋和符合本规范第5.3.5条规定的建筑物金属框架，当其作为引下线或与引下线连接时均可利用作为接闪器。
3　外墙内、外竖直敷设的金属管道及金属物的顶端和底端，应与防雷装置等电位连接。
</td></tr>
<tr><td>问题解析</td><td>
1. 防雷平面图设计应采用屋面建筑平面图，防雷建筑物的接闪网、接闪带应沿屋角、屋脊、屋檐和檐角等易受雷击的部位敷设。
2. 建筑物高度超过45m（第二类防雷建筑物）或60m（第三类防雷建筑物）时，设计时，应注意补充防侧击雷设计。
3. 应按《建筑物防雷设计规范》第4.3.3条（第二类防雷建筑）、第4.4.3条（第三类防雷建筑）规定的引下线间距设计防雷引下线，通常应利用结构柱内钢筋达到引下线间距要求，建议设计时，将建筑物外侧所有上下连通的柱子均作为引下线。
4. 注意引下线的间距应沿建筑周长计算，而不一定是引下线间的直线距离。
</td></tr>
</table>

问题描述

问题 2　特殊场所接地措施不完整、不准确

1. 智能化（弱电）机房如何接地？
2. 潮湿场所（游泳池、戏水池、喷水池）需采取何种接地措施？
3. 浴室、带浴室的卫生间需采取何种接地措施？
4. 可燃气体机房需采取何种接地措施？
5. 气体灭火设施需采取何种接地措施？
6. 洁净厂房内需采取何种接地措施？

相关标准

《建筑物电子信息系统防雷技术规范》

5.1.2　需要保护的电子信息系统必须采取等电位连接与接地保护措施。

《民用建筑电气设计标准》

12.7.6　在下列情况下应实施辅助等电位联结：

1　在局部区域，当自动切断供电的时间不能满足防电击要求；

2　在特定场所，需要有更低接触电压要求的防电击措施；

3　具有防雷和电子信息系统抗干扰要求。

12.7.7　辅助等电位联结导体应与区域内的下列可导电部分相连接：

1　固定电气装置的所有能同时触及的外露可导电部分；

2　保护接地导体（包括设备的和插座内的）；

3　电气装置外的可导电部分，可包括钢筋混凝土结构的主钢筋。

12.10.4　装有浴盆或淋浴器的房间，应按本标准第 12.7.6 条规定设置辅助保护等电位联结，将保护导体与外露可导电部分和可接近的外界可导电部分相连接。

12.10.12　游泳池在 0 区、1 区和 2 区内的所有装置外可导电部分，应以等电位联结导体和这些区域内的设备外露可导电部分的保护导体相连接。

12.10.18　允许人进入的喷水池应执行本章游泳池的规定。

《建筑设计防火规范》

9.3.9　排除有燃烧或爆炸危险气体、蒸气和粉尘的排风系统，应符合下列规定：

1　排风系统应设置导除静电的接地装置。

9.3.16　燃油或燃气锅炉房应设置自然通风或机械通风设施。当采取机械通风时，机械通风设施应设置导除静电的接地装置。

《气体灭火系统设计规范》

6.0.6　经过有爆炸危险和变电、配电场所的管网，以及布设在以上场所的金属箱体等，应设防静电接地。

<table>
<tr><td>相关标准</td><td>

《洁净厂房设计规范》

8.4.2　可燃气体管道应采取下列安全技术措施：

2　引至室外的放散管应设置阻火器，并应设置防雷保护设施。

3　应设导除静电的接地设施。

8.4.3　氧气管道应采取下列安全技术措施：

2　应设导除静电的接地设施。

9.5.4　洁净室内可能产生静电危害的设备、流动液体、气体或粉体管道应采取防静电接地措施，其中有爆炸和火灾危险场所的设备、管道应符合现行国家标准《爆炸和火灾危险环境电力装置设计规范》GB 50058 的有关规定。

</td></tr>
<tr><td>问题解析</td><td>

1. 设计时，需要注意所有智能化（弱电）机房，或者集中安装智能化（弱电）设备的场所，均应设置辅助等电位联结箱。

2. 所有游泳池、戏水池、喷水池等潮湿场所均应设置辅助等电位联结，具体做法可见国家建筑标准设计图集《等电位联结安装》。

3. 所有浴室、带浴室的卫生间等潮湿场所均应设置辅助等电位联结，具体做法可见国家建筑标准设计图集《等电位联结安装》。浴室、带浴室的卫生间的 0、1 及 2 区内，不应装设开关设备及线路附件；非本区所有配电线路（强电、弱电、消防）均不应穿越浴室、卫生间等场所。

4. 常见的燃气表间、有事故通风的带燃气设备的厨房等处均应设置导除静电的接地装置。

5. 燃油或燃气锅炉房的机械通风设施应设置导除静电的接地装置。

6. 变电、配电室等场所的气体灭火管网、壳体等金属件应设置防静电接地的接地装置。

7. 上述场所的接地措施若在接地平面图中无法表示时，均可在配电平面图中表示。

</td></tr>
</table>

问题描述	**问题 3　防雷接地平面图中接地电阻值标注有误** 共用接地装置的接地电阻值的要求是什么？
相关标准	**《建筑物电子信息系统防雷技术规范》** 5.2.5　防雷接地与交流工作接地、直流工作接地、安全保护接地共用一组接地装置时，接地装置的接地电阻值必须按接入设备中要求的最小值确定。
问题解析	1. 防雷接地与本建筑物的交流工作接地、直流工作接地、安全保护接地共用一组接地装置时，接地装置的接地电阻值必须按接入设备中要求的最小值确定，其中，包括电子信息设备的接地要求。设计时，还要注意在同一建筑物中设计说明、系统图、防雷接地平面图中，对接地装置的接地电阻值说法应一致，且不应大于建筑物中各系统和设备要求的最小值。 2. 根据《民用建筑电气设计标准》第 12.5.11 条规定，建筑物各电气系统的接地，除另有规定外，应采用同一接地装置，接地装置的接地电阻应符合其中最小值的要求。各系统不能确定接地电阻值时，接地电阻不应大于 1Ω。除另有规定外，智能化系统接地应采用共用接地装置，接地电阻不应大于 1Ω。

问题描述	**问题 1　在总线穿越防火分区处，没有设置短路隔离器** 总线穿越防火分区时，应在穿越处设置总线短路隔离器。
相关标准	**《火灾自动报警系统设计规范》** 3.1.6　系统总线上应设置总线短路隔离器，每只总线短路隔离器保护的火灾探测器、手动火灾报警按钮和模块等消防设备的总数不应超过 32 点；总线穿越防火分区时，应在穿越处设置总线短路隔离器。
问题解析	火灾探测器等消防设备构成的回路、系统应按防火分区设计，必须跨越防火分区时，应在穿越处增设总线短路隔离器。每只总线短路隔离器保护的消防设备的总数不应超过 32 点，一般均可执行，而总线穿越防火分区时，应在穿越处设置总线短路隔离器的要求经常被设计人员遗忘。审图中，经常见到卷帘门两端的火灾探测器的总线没有设置短路隔离器。另外，高大空间由其侧面其他防火分区引来的火灾探测器总线，在穿越处，没有设置短路隔离器。

问题描述	**问题 2　声光警报器设计间距不满足要求** 每个报警区域内设置的火灾报警器的要求是什么?
相关标准	**《火灾自动报警系统设计规范》** 6.5.2　每个报警区域内均匀设置火灾警报器，其声压级不应小于 60dB；在环境噪声大于 60dB 的场所，其声压级应高于背景噪声 15dB。 现行国家建筑标准设计图集《〈火灾自动报警系统设计规范〉图示》14X505-1 第 55 页。
问题解析	应在每个报警区域内均匀设置火灾警报器，在大空间、疏散通道内参考标准图集按任意平面位置距火灾警报器不大于 25m 进行设计。 另外，建议设计人员可将火灾警报器与手动报警按钮同处设置：一个在上，距地高于 2.2m 处，一个在下，距地 1.3～1.5m 处。

问题描述

问题 3　消防控制室设置不满足要求

消防控制室设置有哪些特殊要求？

相关标准

《火灾自动报警系统设计规范》

3.4.5　消防控制室送、回风管的穿墙处应设防火阀。

3.4.6　消防控制室内严禁穿过与消防设施无关的电气线路和管路。

3.4.7　消防控制室不应设置在电磁场干扰较强及其他影响消防控制室设备工作的设备用房附近。

3.4.8　消防控制室内设备的布置应符合下列规定：

5　与建筑其他弱电系统合用的消防控制室内，消防设备应集中设置，并应与其他设备间有明显间隔。

6.7.5　消防控制室、消防值班室或企业消防站等处，应设置可直接报警的外线电话。

《建筑设计防火规范》

8.1.7　设置火灾自动报警系统和需要联动控制的消防设备的建筑（群）应设置消防控制室。消防控制室的设置应符合下列规定：

3　不应设置在电磁场干扰较强及其他可能影响消防控制设备正常工作的房间附近；

4　疏散门应直通室外或安全出口。

问题解析

1. 当消防控制室与建筑其他弱电系统合用时，消防控制室内的消防设备应集中设置，并应与其他设备有明显间隔，并应满足《火灾自动报警系统设计规范》第 3.4.8 条的要求。

2. 消防控制室内严禁穿过与消防设施无关的电气管线和其他专业管线。

3. 消防控制室不应设置在变电所的正上、下方及贴邻。

4. 消防控制室的外线电话不是建筑物内的内部电话或总机的一条外线，也不是消防控制室设置的消防专用电话总机的一个分机，而是不受任何影响的、能直拨火警电话 119 的、单独的外线电话。

问题描述

问题 1 光纤到户设计在平面图中表示不完整、不准确

对光纤到户系统施工图设计，有什么要求？

相关标准

《综合布线系统工程设计规范》

4.1.1 在公用电信网络已实现光纤传输的地区，建筑物内设置用户单元时，通信设施工程必须采用光纤到用户单元的方式建设。

7.2.6 根据工程中配线设备与以太网交换机设备的数量、机柜的尺寸及布置，电信间的使用面积不应小于 $5m^2$。当电信间内需设置其他通信设施和弱电系统设备箱柜或弱电井时，应增加使用面积。

7.3.3 设备间内的空间应满足布线系统配线设备的安装需要，其使用面积不应小于 $10m^2$。当设备间内需安装其他信息通信系统设备机柜或光纤到用户单元通信设施机柜时，应增加使用面积。

《住宅区和住宅建筑内光纤到户通信设施工程设计规范》

1.0.4 在公用电信网络已实现光纤传输的县级及以上城区，新建住宅区和住宅建筑的通信设施应采用光纤到户方式建设。

问题解析

1. 在居住建筑弱电平面图中，应具体明确用户单元智能化箱内引入电源，也可在系统图或配电平面图中表示。

2. 公共建筑楼层电信间的使用面积不应小于 $5m^2$，建筑物设备间的使用面积不应小于 $10m^2$。

问题描述

问题 2　安防监控室平面图表示不完整、不准确

安防监控室平面图的设计要求是什么？

相关标准

《安全防范工程技术标准》

6.14.2　监控中心的自身防护应符合下列规定：

1　监控中心应有保证自身安全的防护措施和进行内外联络的通信手段，并应设置紧急报警装置和留有向上一级接处警中心报警的通信接口；

2　监控中心出入口应设置视频监控和出入口控制装置；监视效果应能够清晰显示监控中心出入口外部区域的人员特征及活动情况；

3　监控中心内应设置视频监控装置，监视效果应能够清晰显示监控中心内人员活动的情况。

《民用建筑电气设计标准》

14.9.4　安防监控中心应设置为禁区，应有保证自身安全的防护措施和进行内外联结的通信装置，并应设置紧急报警装置和留有向上一级接处警中心报警的通信接口。

问题解析

安防监控室平面图中应设置直拨公共报警电话 110 的外线电话、与外界联络的网络接口，设置向上级紧急报警的装置，门口应设置门禁装置，室内外均应设置视频监控装置。

问题描述

问题3 老年人照料设施电气施工平面图表示不完整、不准确

老年人照料设施电气施工平面图设计要求是什么?

相关标准

《老年人照料设施建筑设计标准》

7.3.5 照明开关应选带夜间指示灯的宽板翘板开关，安装位置应醒目，且颜色应与墙壁区分，高度宜距地面1.10m。

7.3.7 电源插座应采用安全型电源插座。

7.3.9 每个生活单元应设单元配电箱，照料单元的居室宜单设配电箱，配电箱内应设置电源总开关，电源总开关应采用同时断开相线和中性线的开关电器，配电箱内的插座回路应装设剩余电流动作保护器。

7.4.2 公共安全系统应符合下列规定:

1 建筑内以及室外活动场所(地)应设视频安防监控系统。各出入口、走廊，单元起居厅、餐厅，文娱与健身用房，各楼层的电梯厅、楼梯间，电梯轿厢等场所应设安全监控设施。

3 老年人居室、单元起居室、餐厅、卫生间、浴室、盥洗室、文娱与健身用房，康复与医疗用房均应设紧急呼叫装置，且应保障老年人方便触及。紧急呼叫信号应能传输至相应护理站或值班室。呼叫信号装置应使用50V及以下安全特低电压。

问题解析

老年人照料设施建筑电气施工平面图设计应满足上述规范要求。

问题描述

问题4　托儿所、幼儿园电气施工平面图表示不清晰、不准确

托儿所、幼儿园电气施工平面图设计要求是什么?

相关标准

《托儿所、幼儿园建筑设计规范》

6.3.3　托儿所、幼儿园的紫外线杀菌灯的控制装置应单独设置，并应采取防误开措施。

6.3.5　托儿所、幼儿园的房间内应设置插座，且位置和数量根据需要确定。活动室插座不应少于四组，寝室插座不应少于两组。插座应采用安全型，安装高度不应低于1.80m。插座回路与照明回路应分开设置，插座回路应设置剩余电流动作保护，其额定动作电流不应大于30mA。

6.3.6　幼儿活动场所不宜安装配电箱、控制箱等电气装置；当不能避免时，应采取安全措施，装置底部距地面高度不得低于1.80m。

6.3.7　托儿所、幼儿园安全技术防范系统的设置应符合下列规定：

1　园区大门、建筑物出入口、楼梯间、走廊、厨房等应设置视频安防监控系统；

2　周界宜设置入侵报警系统、电子巡查系统；

3　财务室应设置入侵报警系统；建筑物出入口、楼梯间、厨房、配电间等处宜设置入侵报警系统；

3A　园区大门、厨房宜设置出入口控制系统。

问题解析

1. 托儿所、幼儿园建筑电气施工平面图设计应满足上述规范的要求。托儿所、幼儿园的晨检及隔离间应按幼儿活动场所考虑设计。

2. 医院、老年人照料设施、餐饮设施等其他工程的紫外线杀菌灯开关的设计，可参照《托儿所、幼儿园建筑设计规范》内容执行。

相关规范、标准、法规、文件

《供配电系统设计规范》GB 50052—2009

《20kV 及以下变电所设计规范》GB 50053—2013

《低压配电设计规范》GB 50054—2011

《通用用电设备配电设计规范》GB 50055—2011

《民用建筑电气设计标准》GB 51348—2019

《电力工程电缆设计标准》GB 50217—2018

《建筑物防雷设计规范》GB 50057—2010

《建筑物电子信息系统防雷技术规范》GB 50343—2012

《建筑设计防火规范》GB 50016—2014（2018 年版）

《火灾自动报警系统设计规范》GB 50116—2013

《消防应急照明和疏散指示系统技术标准》GB 51309—2018

《消防给水及消火栓系统技术规范》GB 50974—2014

《建筑防烟排烟系统技术标准》GB 51251—2017

《气体灭火系统设计规范》GB 50370—2005

《汽车库、修车库、停车场设计防火规范》GB 50067—2014

《智能建筑设计标准》GB 50314—2015

《安全防范工程技术标准》GB 50348—2018

《出入口控制系统工程设计规范》GB 50396—2007

《公共广播系统工程技术标准》GB/T 50526—2021

《电子会议系统工程设计规范》GB 50799—2012

《综合布线系统工程设计规范》GB 50311—2016

《住宅区和住宅建筑内光纤到户通信设施工程设计规范》GB 50846—2012

《洁净厂房设计规范》GB 50073—2013

《人民防空地下室设计规范》GB 50038—2005

《人民防空工程设计防火规范》GB 50098—2009

《人民防空地下室施工图设计文件审查要点》RFJ 06—2008

《民用建筑设计统一标准》GB 50352—2019

《建筑机电工程抗震设计规范》GB 50981—2014

《城市消防站设计规范》GB 51054—2014

《无障碍设计规范》GB 50763—2012

《住宅建筑规范》GB 50368—2005

《住宅设计规范》GB 50096—2011

《住宅建筑电气设计规范》JGJ 242—2011

《托儿所、幼儿园建筑设计规范》JGJ 39—2016（2019 年版）

《商店建筑设计规范》JGJ 48—2014
《剧场建筑设计规范》JGJ 57—2016
《金融建筑电气设计规范》JGJ 284—2012
《教育建筑电气设计规范》JGJ 310—2013
《医疗建筑电气设计规范》JGJ 312—2013
《会展建筑电气设计规范》JGJ 333—2014
《老年人照料设施建筑设计标准》JGJ 450—2018
《装配式混凝土建筑技术标准》GB/T 51231—2016

《消防安全疏散标志设置标准》DB 11/1024—2013（北京市地方标准）
《建筑智能化系统工程设计规范》DB 11/T 1439—2017（北京市地方标准）
《平战结合人民防空工程设计规范》DB 11/994—2013（北京市地方标准）
《公共建筑节能设计标准》DB 11/687—2015（北京市地方标准）
《居住建筑节能设计标准》DB 11/891—2020（北京市地方标准）

国家建筑标准设计图集《〈火灾自动报警系统设计规范〉图示》14X505-1
国家建筑标准设计图集《建筑电气设施抗震安装》16D707-1
国家建筑标准设计图集《建筑电气常用数据》19DX101-1
国家建筑标准设计图集《应急照明设计与安装》19D702-7
国家建筑标准设计图集《等电位联结安装》15D502
国家建筑标准设计图集《〈人民防空地下室设计规范〉图示（电气专业）》05SFD10
《中华人民共和国消防法》
国发〔2016〕39 号《国务院关于优化建设工程防雷许可的决定》
公安部令第 119 号《公安部关于修改〈建设工程消防监督管理规定〉的决定》
住房和城乡建设部令第 13 号《房屋建筑和市政基础设施工程施工图设计文件审查管理办法》
住房和城乡建设部令第 51 号《建设工程消防设计审查验收管理暂行规定》
北京市人民政府令〔第 256 号〕《北京市民用建筑节能管理办法》
京建发〔2019〕149 号《关于发布〈北京市禁止使用建筑材料目录（2018 年版）〉的通知》
《北京市禁止使用建筑材料目录（2018 年版）》
京建法〔2017〕7 号《关于做好北京市建设工程防雷施工图审查及竣工验收管理工作的通知》
消监字〔2017〕53 号《北京市公安局消防局关于印发积极推进电气火灾监控系统安装应用实施意见的通知》
《工业与民用供配电设计手册》第四版，中国电力出版社
《建筑工程设计文件编制深度规定（2016 年版）》